不生气 不抱怨 不失控

游一行◎编著

83种人生修行方法论，从此告别心理阴暗面

华龄出版社
HUALING PRESS

责任编辑：高志红
责任印制：李未圻

图书在版编目（CIP）数据

不生气·不抱怨·不失控 / 游一行编著. --北京：华龄出版社，2017.5
ISBN 978-7-5169-0977-5

Ⅰ.①不… Ⅱ.①游… Ⅲ.①人生哲学－通俗读物 Ⅳ.①B821-49

中国版本图书馆CIP数据核字（2017）第107984号

书　　名：不生气·不抱怨·不失控
作　　者：游一行　编著

出 版 人：胡福君
出版发行：华龄出版社
地　　址：北京市东城区安定门外大街甲57号　邮编：100011
电　　话：58122254　传真：58122264
网　　址：http://www.hualingpress.com

印　　刷：三河市东兴印刷有限公司
版　　次：2017年7月第1版　2019年7月第2次印刷
开　　本：880×1230　1/32　印　张：6
字　　数：130千字
定　　价：32.00元

（如出现印装质量问题，调换联系电话：010-82865588）

前言

生活中不如意之事十之八九，每个人都面临着各种各样的烦恼：工作上杂乱的琐事，身体上偶尔的小疾，感情上的磕磕碰碰……面临这种种麻烦，每个人有各自不同的反应，故而也会有不同的结果。有的人稍有不顺心便抱怨连连，乱发脾气，甚至暴跳如雷，情绪失控，结果问题不仅没有解决，反而越来越糟糕，甚至最终影响到自己的健康。而另一些人则相反，他们心态豁达，知道问题既然已经出现，便不必去为“打翻的牛奶”而哭泣，按部就班、一点一滴地将其解决才是正途，结果问题果然便如他们预想的那样迎刃而解了。

人这一生，最大的遗憾并不是缺少机会，或是资历浅薄，而是缺乏对自己情绪的控制力。面对人生逆境，只有能控制好自己情绪，做到“不生气、不抱怨、不失控”这三点，才会天下无难事。

不生气是成就卓越人生的大智慧。人生在世不可能事事如意，生活中总有些事情会勾起我们的气头，这时候，就要有意识地控制自己的情绪。如果任由消极情绪发展下去，动不动就着急上火发脾气，就会被自己的不良心理影响、控制。正如哲人说的那样，怒气会让人变得愚蠢，闲气会让人失去精神，怨气会让人灰心丧气……坏脾气甚至会毁掉我们的人生。要控制脾气，就需要提高日常修养，这样才能在遇到不顺心的事情时，平心静气地获得自我开解。看得开，放得下，人生的“贪、嗔、痴”自然能从生命里排解出去，怒气自然得以消解。

不抱怨是获得幸福生活的秘诀。当我们抱怨时，其实是在不断强调我们不想要的人、事、物，但最终这些糟粕不会因抱怨而消失，他们还是会挥之不去，围绕在我们身边。荀子说：“自知者不怨人，知命者不怨天，怨人者穷，怨天者无志。”因此，我们应该学会感恩，远离抱怨。人类的烦恼起源于困难本身，但让烦恼得以延续下去的是抱怨。抱怨也许是一贴心灵的镇痛剂，能暂时缓解失败的痛苦，却不能从根本上解决问题，它只会在你的痛觉苏醒的时候，让你的痛感更加强烈。久而久之，抱怨就成了难以戒掉的“鸦片”。

不失控是有效地表达自己的最佳状态。现代社会中有太多的人在被情绪问题困扰着，越来越多的人失去了内心的平静，变得容易发怒，甚至会失去控制地暴跳如雷。这就是情绪在作怪，它存在于每个人的心中，而且在不同的时期、不同的场合产生奇妙的效果。你是否也有过这样的体验：心情好的时候，看什么东西都顺眼，就连原来不喜欢的人也有了几分好感，对原来看不惯的事也觉得有了几分道理；而心情不好的时候，面对再美味的佳肴也难以下咽，再美丽的风景也视若无睹。善于控制自己的情绪的人，能在绝望的时候看到希望，能在黑暗的时候看到光明，所以他们心中永远燃烧着激情和乐观的火焰，永远拥有积极向上、不断奋斗的动力；而失败者并不是真的像他们所抱怨的那样缺少机会，或者是资历浅薄，甚至是上天不公。其实，大多数失败者失意时总是一味地抱怨，而不思东山再起，落后时不想奋起直追，消沉时只会借酒消愁，得意时却又忘乎所以。他们之所以失败，就是因为他们没有很好地掌控自己的情绪。

你无法改变天气，但你可以改变情绪；你无法控制别人，但你可以掌握自己。没有稳定且强大的内心世界，就不会有美好的生活世界；赶坏情绪出门，才能迎好心情进门；发掘自己的无限潜能，才能改变自己的人生命运……要做到这些，就要学会转换心态，做到不生气、不抱怨、不失控。翻开这本书，你会得到你想要的答案。

目 录

上篇　不生气的智慧

第一章　戒贪嗔痴，拔除生气的根

第二章　不生气，心宽了所有大事都小了

第三章　莫苛求，世上没有绝对完美

第四章　不较真，活着别让自己心太累

第五章　调气忍性，化生气为争气

第六章　惜福知足，不生气的活法

中篇　不抱怨的世界

第一章　别让抱怨摧毁了你的生活

第二章　别抱怨，谁的人生没有坎坷

第三章　停止抱怨，享受幸福的人生

第四章　抱怨别人，不如修正自己

第五章　杜绝抱怨，才能做到有效的沟通

第六章　该做就做，行动比抱怨更有效

下篇　不失控的生活

第一章　情绪不失控，人生才不失控

第二章　不迷失，才能走出情绪的陷阱

第三章　失控的世界，好情绪帮你打开另一扇窗

第四章　掌控好情绪，你才是情绪真正的主人

第五章　情绪转移，状态不好时换个事做

第六章　情绪排毒，排除扼杀自己的情绪

上篇

不生气的智慧

第一章　戒贪嗔痴，拔除生气的根

头顶天，脚踏地，人生全在一口气

气是中国传统哲学中的概念。中医学认为气是维持人体生命活动的最基本的能量，且有“气大伤身，盛怒伤肝”的说法。人的精神活动与身体健康关系十分紧密，对于这一点无论中医还是西医都已经证实。一个人如果在精神上遭遇了严重的打击，会直接影响到身体的健康；同样，如果心中一直保留着生气、恼怒的情绪，就会有减少寿命的危险，可见怒气的危害多么严重。

有一则箴言说：“头顶天，脚踏地，人生全在一口气；切记气上有三忌：怄气赌气发脾气；怄气只能气自己，赌气彼此更对立；拍桌打凳发脾气，有理反倒变没理。”就是在说气对人的伤害。人要懂得消化愤怒，才不会储蓄痛苦，累积伤害。我们固然不能对别人随便发泄怒气，但有时候也需要以适当的方式排解怒气，而不是一味怄气，让愤怒在身体里堆积，让心灵在狭小的空间里自我伤害。

有一对小夫妻租了一个门市做生意，生意虽然不大，但在二人的辛苦努力下做得有声有色，日子过得越来越红火。

某年春节刚过，老婆带着孩子回娘家看望父母。老两口就这么一个女儿，每年才能团聚一回，所以十分舍不得闺女和外甥。老婆也惦记父母，所以一住就是小半个月。中间，丈夫几次打电话让她回来，还亲自去接过，她就是没有回家。

她说：“平常太忙了，好容易赶上过年，生意不怎么忙，我多住几天，你在店里多张罗一下。”丈夫说：“你若再不回来，我也不干了，关门算了。”

老婆一听，怒气冲冲地说：“关就关呗，吓唬谁啊？”说完“吧嗒”挂了电话。

电话那头丈夫鼻子都气歪了，过了好多天老婆还没有回来，他在气头上也没再去接她们。双方都怄着气，过了半个月，丈夫一气之下把店铺兑给了别人，关门了。

三个月后，老婆在父母的劝说下回到丈夫身边，得知丈夫把店铺出兑了，气得大闹一场。此后夫妻二人也常常因此争吵不断，美满的小日子因两人的怄气、吵闹变得一塌糊涂。

其实，两人最初争执的并不是什么大事。只是他们都没有找到合适的方式消化、释放心中的怒气，而是让它堆积在心里，进而影响到自己的工作、生活。碰到困难与不如意，或与人发生矛盾时，不要怄气，而应尽快调整心态，或在不伤害他人的情况下疏解怒气，凡事多换个角度去考虑，同时也要理智地分析原因，以求下次不要再犯——这才是积极的做法。

例如，有两个人一起走路回家，他们在路上遇见一块石头，前面的人不小心被石头绊了一跤。他爬起来往前走了一段路后，心中仍愤愤不平，于是又赌气折回去，狠狠地踢了那块石头一脚，结果当然是自己疼得哇哇大叫。后头这个人却早早看到远处有一处泥泞地，于是他搬起这块绊脚石，将它放在泥泞地中，于是它就成了前进路上的垫脚石。

赌气、怄气和积极解决问题，两者孰优孰劣，一目了然。人的身体如江河一样，疏通则顺畅，堵塞则洪水肆虐。毛孔闭塞太久，身体内的毒素便排不出去；肠道若阻塞不通，身体也会出毛病。而怒气如火，在身体内部淤积辗转，造成的危害更甚。

很多时候，让人们大动肝火的根由往往都是一些不值得过多计较的小事。如果将这些小事一直留在心里，翻来覆去地思索、咀嚼、放大，就会将小事看得越来越大，越来越严重；反之，如果心胸能宽一些，肚量再大一些，能够将怒火化作积极解决问题的智慧和能量，就不至于为小事而沮丧、苦闷，也不至于被嗔怒的大火伤了心肝。

一念嗔心起，百万障门开

佛陀说："一念嗔心起，百万障门开。"据《华严经》开示，一个嗔恨的念头，能引发至少九十二种业障。佛家将贪、嗔、痴视为三毒，嗔就是不懂得抑制和化解心中的怨气，经常发火。嗔心一起就会遮盖善念，多种业障也随即产生。

生活中每个人都不想被当作出气筒，但遇到不顺心意的事情时却很难控制住怒气。父母看到孩子没有按自己的要求做事，很容易生气；妻子看见丈夫回家后往沙发上一躺，什么也不干，也容易生气；上司看到下属阳奉阴违，自然要发火；下属嫌上司不理解自己，也满腹怨言。身边总是有不少不顺眼、不顺意的事成为我们生气的理由。

当生气成为一种习惯，我们或者终日郁郁寡欢生闷气，或者一点就着火，冲着周围的人乱发脾气，久而久之给自己的身心带来严重的伤害，幸福与快乐不复存在，生活也变得一团糟。我们为之生气的事情到底值不值得成为生气的理由姑且不论，单就生气的结果来说，它不仅无法改变事情的发展，甚至有可能让事情变得更糟。相反，遇事不生气，多一些包容和忍让，便可化干戈为玉帛。

一位禅师刚要出门，被一位身材魁梧的大汉迎面撞碎了眼镜。撞人的大汉刚和人吵完架，气还没消，不但毫无歉意，还振振有词地说："谁让你戴眼镜的？"禅师笑了一下，没有说话。大汉好奇地问："喂！和尚，为啥你不生气呀？"禅师说："眼镜碎了再换一副不就行了，没啥大不了。若我生气，生起事端，会造成更多的业障及恶缘，也不能把矛盾化解掉。我若早些或晚些开门，就可避免这场碰撞，说到底，自己一样有错。"大汉听完肃然起敬。

在禅师看来，眼镜被撞碎并不是什么大事，没有必要生气。禅师在起冲突时，没有把错误完全归在对方身上，而是及时反省自己，认为如果自己早一点或者晚一点开门，也就不会被撞了，既然自己也有错，自然就没有生气的理由了。

如此说来，怒气的源头并不在别人身上，而在于自己的内心。生不生气完全取决于我们自己。如果内心宽容，不苛责和强求别人，遇到矛盾或冲突的时候能够自我反省，自然不会生气。很多时候，我们生气往往是由于太过执着于自我的观念，总认为自己是对的，错在别人，所以才会冲别人发火。

自己不气，便没有气，心中无嗔，便是净土。按照佛家的观点："对愤怒的人，不以牙还牙的人，将可得到两个胜利：知道他人的愤怒，而以正念镇静自己的人，不但胜于自己，而且胜于他人。"学会以豁达的心胸待人处事，不因人之犯己而动气，以祥和慈悲的态度面对一切事、一切人，不含嗔心，不生气，这样便是最好的养生之道。

其实，世间之事本无绝对的黑白对错，所有的判断都是我们站在一定的角度上做出的，而这个角度往往是以自己为出发点的。因此，起冲突时，不要总是站在自己的角度去判断事情的对错，要尝试着站在别人的角度去思考问题，多反省自己。

人生就像一座百花齐放的花园，总有一朵花不入自己的眼。这朵花如果开在自己家的花坛，摘掉便可，但开在他人的花坛就不便下手了。这时候就要想办法抛掉自己对这朵花的厌恶之情。换个角度想一想：也许它不美丽，但是它很芬芳；也许它不娇艳，但是它很纯洁。

同样，每个人对于身边的事物都有自己的喜好。如果凡事都从自身的立场出发去思考问题，可能会百思不解，甚至生气、窝火；但如果换个位置，站在对方的角度去考虑便会豁然开朗了。当孩子不听话的时候，不如蹲下来，以平等的角度与孩子谈谈心，了解孩子不听自己话的原因，理解孩子的想法，这样也就不会轻易对他们生气、发火；面对不喜欢自己的上司，换个角度，多想想他高处不胜寒的孤独，想想他在工作上承受的巨大压力，试着理解对方，心中的厌恶和反感之情便会渐渐淡去，取而代之的是理解和同情。

如果一味地站在自己的角度去思考问题，认为他人违反了自己的意愿，不理解自己，并为此生气发怒，只能让自己更加苦恼，甚至影响了正常的工作和生活。真正的智者会像禅师一样常常自我反省，并切身地去感受、理解他人。他们不在意生活中的屈辱、磨难，看得开，放得下，心中宽阔，天地自宽。他们用一颗宽容的心去化解矛盾与冲突，结下一段段“善缘”，也使自己的身心免受不良情绪的毒害。

当你满心计较时，便是忧虑时

佛说：“要试图放宽心量，包容世间的丑恶。人家赞美我，我心生欢喜，但不为欢喜激动，也许这欢乐之后，便是悲伤；人家辱骂我，我不加辩白，让时间去考验对方……”这是劝世人不要太计较生活中的是是非非，坦然接受所有悲喜苦乐的遭遇。佛陀常常教导世人不要妄生邪念，其实也是提醒人们在面对一些小事、面对别人施加己身的不平时，不要计较太多。不计较，就不会生气，就不会时时刻刻充满焦虑忧愁，就不会将自己的人生过得磕绊、灰暗。

心量若放宽了，丑的、悲伤的、耻辱的事就都能容得下，生命自然处处是开阔风景；但有些人心量小得连自己都容不下，这样的人当然会觉得事事不顺，整天怒气冲冲，活在烦恼和抱怨之中。

有位妇人，特别容易为一些小事生气，她自己觉得这样不好，就去求一位高僧为自己说法。

高僧听完，沉默不语，只是把她带到一座禅房中，锁上门后便离去了。

妇人气得大骂，骂得累了，高僧还不理会。于是妇人开始恳求，高僧仍不理她。最终，妇人沉默下来。

高僧在门外询问：“还生气吗？”

妇人说：“我生自己的气，为什么到这里来受罪。”

高僧说：“连自己都不肯原谅，又如何能心如止水？”

又过了一会儿，高僧问：“还生气吗？”

妇人说：“不生气了。”

“为何不生气了？”

“因为生气也没用。”

高僧说：“你的气还没有消失，只是压在了心里。”

高僧第三次询问，妇人答：“我不生气了，因为不值得。”

高僧微笑道：“衡量值不值得，证明心中还有气根。”

妇人问："大师，什么是气？"

高僧还是不言语，看似无意地将手中的茶水倒于地上，妇女顿悟：自己不气，哪来的气？心地澄明，心无一物，何气之有？

气来源于自身，来源于自己对环境、处境、遭遇的诸多挑剔。心中了无一物，好的、坏的、顺意的、不顺意的，都能够容纳下来，逆境当前也能保持淡然，敞开心怀，就不会有那么多嗔怒、忧虑和烦恼；相反，若一遇到不顺心的事情就将问题归结在他人身上，满心的计较、苛求，日子就会过得很煎熬。

生命里有很多遭遇不可选择，也无法更改，这就是现实。但人可以选择自己对待它的态度：与其一味地埋怨、苛责，斤斤计较于它给自己带来的坏处；不如坦然接受、用心感恩，并努力去发掘它美好的一面。很多时候，并不是生活的不幸给我们带来了痛苦，而是我们没有看到那些固有的美好和幸福。

有一位青年，厌弃了生活的平淡，感觉一切只是乏味和痛苦。为寻找刺激，他参加了挑战极限的活动。活动规则是：一人待在山洞里，没有光亦无粮，每天只提供5升的水，时长为整整5昼夜。

第一天，青年很觉刺激。

第二天，饥饿、孤独、恐惧一起袭来，周围漆黑一片，听不见任何声响。他有点向往平日的无忧无虑来；他想起乡下的老母亲千里迢迢赶来，只为送一坛韭菜花酱及小孙子的虎头鞋；他想起了妻子在寒夜里为自己掖好被子；他想起了儿子为自己端的第一杯水；他想起了与他发生争执的同事给自己买的一份工作餐……慢慢地，他后悔起平日里生活的态度：懒惰散漫，得过且过，冷漠虚伪，碌碌无为。

第三天，他险些要饿昏过去。但一想到人世间的种种美好，便坚持了下来。第四天、第五天，他仍然在饥饿、孤寂、极大的恐惧中反思过去，向往未来。

他责问自己竟忘了母亲的生日；他遗憾妻子生产之时自己未尽照料义务；他后悔与好友分道扬镳……他这才发觉需要努力弥补的事情竟然那么多。但他自己也不知道，自己能不能挺过这一关。这时，泪流满面的他发现：洞门竟然开了！阳光照进来，白云就在眼前，淡淡的花香，动听的鸟鸣——他迎来了一个美好人间。

青年扶着石壁蹒跚地走出山洞，脸上浮出了难得的笑容。5天来，他用心在说一句话，那就是：活着，就是幸福。

幸福就是这么简单。只有驱除了平日遮蔽双眼的种种欲求，在绝境中回望人生，才知道自己原来有那么多苛求；才知道以往那些利益的追逐，都比不过绝境中对生命的追求，对亲情的渴望。而这些平日里被自己忽略的珍贵存在，其实就是幸福。

人常常看不见自己一直拥有的东西，却为了那些没有得到或无法得到的东西懊恼伤神，这就是生活不幸的根源。如果能少去计较收入的高低，少去计较容貌的美丑，少去计较生活环境的好坏，多去发掘一些在现有条件下能够乐享的美好；假若能够少一些不满的欲求，多一些满足的心境，那么，幸福其实一直就在身边，它从不因为收入、容貌和生活环境的改变而走远或靠近，它只会随着人的心境而变迁。

人生有限，与其把宝贵的时光花费在计较、忧虑上，不如把精力放在更自在快乐的活法上。既然幸福就在身边，为什么不让自己学着少去计较，学着多发现美，让自己和生活成为很好的朋友而不是敌人呢？

不过一碗饭，不过一念间

生活中，人们每日奔波劳碌，有的人为了温饱努力；有的人为了家人安康奔波；有的人为了未来拼命；有的人为了金钱不择手段……其实说到底，大家每日努力奋斗，想要的只是一碗安乐茶饭而已。然而，很多人都身陷名与利的欲望挣扎之中，活得忙碌、疲惫，甚至失去了自我。可是，一个人名气再大，死后所占的位置只是骨灰盒大小；金钱再多，一顿饭吃下的也只是胃的容量。名和利于生命而言只是过往浮云，人生不过一碗饭而已。

有两个不顺心的年轻人，一起去拜访一位禅师。“师父，在办公室我们被欺装作，太难过了，求您开示，我们是不是应该辞掉这份工作？”两人一起问道。禅师闭着双眼，半天，才吐出五个字：“不过一碗饭。”挥挥手，示意年轻人退下。

回到公司，一人递上辞呈，回家务农，另一个却没动。10年过去。回家种田的，以现代方式经营，改良品种，竟然成了农业专家。另一位在公司里的也不差，他忍气努力学，逐渐被器重，后来成了经理。

一天两人相遇了，谈论过自己的近况之后，不禁感叹起来。

“奇怪！师父同样给我们‘不过一碗饭’这五个字，我当时就懂了，只不过一碗饭嘛！有什么难过的？何必非待在公司？所以辞职。”农业专家问另一位，“你当时为何没听师父的话呢？”

“我听了啊！”那经理笑了，“师父说‘不过一碗饭’，不管多受气、多受累，我只要想到‘不过为了混碗饭吃’，老板说什么都没关系了，不赌气、不计较，就成了！师父不就是这个意思吗？”

大惑不解，两人又去拜望禅师，禅师已经很老了，依然闭着双眼，隔了半天，回答五个字：“不过一念间。”然后，挥挥手……

我们汲汲营营追求的成功、名利，禅师用一句“不过一碗饭”就说得十分透彻了。这碗饭的意义对每个人或许都有不同，但是说到底，工作也只是谋生的一种方式罢了，若看开了，就不必为了工作上的琐事烦恼费心，你可以选择继续奋斗，也可以选择另一条路。所有的得到和失去，成功与失败，都没有什么大不了，不过就是一碗饭罢了，而对欲望是放下还是提起，也不过在你的一念之间。

一念之间会让人们有不同的命运轨迹，但最终逃不过“一碗饭”的范围。每个人都有自己生活的目标，其实本质上无非名和利。一个人要是能真正做到不在乎名利，不理会贪念，将心中的欲望和贪婪化作波澜不惊的湖水，用“不过一碗饭”“不过一念间”的心态来诠释人生，做到脚踏实地，就能在名利面前放下执着心，对任何境遇平和待之。

第二章　不生气，心宽了所有大事都小了

不生气，不必拿别人的错误惩罚自己

生活中的诸多事情，什么该记住，什么该忘却，这是需要我们用心去体会的。多记住一些快乐、开心的事，而忘记生活中小事的纠葛，这样方可活得自在。但是人们往往为了一些无关紧要的小事而烦恼，总是拿别人的错误来惩罚自己，从而弄得人心自乱。

面对别人的错误，如果没有一颗宽恕的心，不能够抱着“大事化小，小事化了”的态度来解决问题，而是口出污言秽语，大发雷霆之怒，就会既伤害了别人，又害苦了自己。因为当一个人沉溺于怒火中不能自拔时，他的生活便会失去很多快乐。若能学会宽恕，多记住别人一些美好的东西，忘却自己的不满，便能活得更自在、更轻松，更能以坦然的态度去面对人生旅途中的风风雨雨。

有一个人 25 岁被人陷害入狱，在监狱中终年不见天日，冬冷夏热，简直不是人住的地方，令人难以忍受。他觉得老天不公，冤枉了好人却没惩罚陷害他的人。于是，他天天在牢里生闷气，仇恨、诅咒那个陷害他的人。后冤案告破，他走出了监狱，但陷害他的人依然逍遥法外，所以他仍难解心头之恨。

75 岁那年，他卧病不起。弥留之际，他仍没放下心中的执念，不停地诅咒陷害他的人。一位德高望重的禅师来至他床边，听他痛苦地倾诉后，长叹一口气，借机开示说：“你真是世上

最不幸的人，他人囚禁你10年，当你走出监牢，你用心底的怨恨、气愤、诅咒囚禁了自己整整40年！”

蒙冤入狱10年的遭遇让这个人感到十分不公平，所以他委屈、生气、怨恨。冤案洗清出狱后，他用了整整40年的时间来抱怨、仇恨那个令自己饱受牢狱之灾的人。但结果没有任何改变，在监狱中度过的10年时光早已一去不复返了，他生气也好，怨恨也罢，都不能改变事实，挽回已逝的青春年华。归根结底，他只不过是拿别人的错误惩罚了自己而已。

试想，如果他的心里没有仇恨与抱怨，原本他还可以度过40年无忧自在的生活。但是他选择了另一条狭隘的，充满了仇恨和抱怨的路，让生命困在阴影和枷锁里，不见阳光和自由。如果说一开始是别人的错误造就了他的痛苦，那么最终，错的其实是他自己。

这个诅咒、哀怨了一生的人并不明白，不执着于他人的过错，是一种高贵的宽恕，而宽恕本身便是一种看不见的幸福。因为当我们对别人宽恕之时，即是从怒火和烦恼中解放自己之时。

从医学的观点看，凡事斤斤计较、经常生气，不但容易损害人际关系，而且对自己的身体也极其有害。《红楼梦》里的林黛玉，虽有闭月羞花、沉鱼落雁的美丽容貌，但总是患得患失，别人一句无意的话都会让她辗转反侧，难以入眠，抑郁不已，再加上爱情的打击，终于落得个“红颜薄命”的悲惨结局。

还有一个实际的例子，就是唐代的一位著名的诗人李贺。他思路敏捷，才华过人，被人称为“奇才”，写出的诗连当时的大文豪韩愈也赞不绝口。只可惜他心胸狭窄，常为一些芝麻绿豆大的小事而气上心头，愁肠百结，最后他只活了27岁，实为文学史上的一桩憾事。

多让自己的心放平静，不要动不动就生气，一位哲人说："尽管人类有这样那样的缺点，我们仍然要原谅他们，因为他们就是我们。"我们之所以不与别人斤斤计较，不会动不动就为别人的一点小错误大发雷霆，破坏自己的情绪，是因为今天他们所犯的错误也许我们自己明天也会犯。无视别人所犯的一些小错误，将自己的心放宽，选择遗忘别人的"不好"，铭记别人的"好"，就是选择了那条通往幸福的路。

心门一宽，容天下之事

有句话说得好："幸福并不取决于你拥有的财富、权力和容貌，而是取决于你和周围人的相处。"能否容纳他人不仅决定了我们的人际关系和谐与否，而且对我们每个人的生活、工作乃至成长进步都有着重要影响。好的人际关系，如春风化雨，令人愉悦；相反，敌视、冷漠就如同阴霾密布的寒冬，使人压抑，甚至不寒而栗。

所以，佛法十分强调与人为善，与人相处时多一些宽容之心。心中有容，心门一宽，便能容天下难容之人、难容之事，那么，天下就没有可以让你烦恼的人和事了。人际关系处处和谐，成败得失不计于心，即使人生无法事事完美，也能够用宽广的心怀包容这些不完美，如此一来，自然时时圆满欢喜。

一个人发明了一个物件，却没卖出去。后来他把它申请了专利卖与别人，这人经过一番包装将发明重磅推出，居然大卖，狠赚一笔。发明者想不通，为什么同样的东西自己赚不到钱，别人没太费劲就挣了大钱，于是找老禅师诉说心中的不快。

老禅师说："是因为你的福报不够多。他人能赚大钱是因为以前他已结下了很多福缘。当他推出你的发明，别人自然非常信任，而你没有结下福缘，发明的产品再好，也推销不出去。”

这人听了懊丧地说：“那我岂不一辈子都要替别人赚钱了？”

老禅师摇摇头：“未必，未必。你的发明让人们生活变得更加方便，这也是造福，也是结下了福缘啊！”

这人听后恍然大悟，欣慰地离去了。

心太窄时，会觉得自己发明的东西无法换来利益是一件很糟糕的事情；若心怀宽广，便会明白，利益绝对不是衡量成就的唯一基准，能够造福于人，便是自己最大的福报。而这些福报也终会为自己带来福缘，带来成功。

在任何事情上，如果都能打开心胸，用一种通透的眼光去看待，那么，也就不会被困境击倒，或者为暂时的挫败和外界的欺辱所打败。在心宽如海的人眼中，没有什么事值得自己为之发怒、烦恼、沮丧、不快，也没有什么人需要自己去怨恨、指责。一切人和事，不论好的还是坏的，他们都能容纳。

容纳意味着能够忍世人之难忍，容世人之难容。至今仍脍炙人口的寒山与拾得的绝妙问答，就蕴含了这番处世智慧。

寒山和尚问拾得禅师：“世人谤我、欺我、辱我、笑我、轻我、贱我、厌我、骗我，如何处治乎？”

拾得云：“只是忍他、让他、由他、避他、耐他、敬他、不要理他。再过几年，你且看他。”

寒山再问道：“除此之外，还有什么处世秘诀，可以躲避别人恶意的纠缠呢？”

拾得回答道：“弥勒菩萨偈语说：‘老拙穿破袄，淡饭腹中饱，补破好遮寒，万事随缘了；有人骂老拙，老拙只说好，有人打老拙，老拙自睡倒；有人唾老拙，随他自干了，我也省力气，他也无烦恼；这样波罗蜜，便是妙中宝，若知这消息，何愁道不了？人弱心不弱，人贫道不贫，一心要修行，常在道中办。’”

在人与人的交往中，难免会因为各个方面的差异而产生一些摩擦，摩擦一旦生热，便会产生火花，这火花是会演变成熊熊大火，还是会瞬间熄灭，这就要看你是否拥有一颗宽容之心了。待人时宽容一点，这不是无能、无奈，而是一种难得的气度和胸怀；是对人对事的包容和接纳；是弥勒佛“大肚能容，容天下难容之事”的境界。

容下他人，从微笑开始，微笑是人与人之间理解的纽带，它能冰释一切冷漠与误会；容下他人，从善待身边的人开始，容纳下身边那些认识的、不认识的，熟悉的、陌生的，甚至是有过节的人。与他人真诚交往，不是强颜欢笑、虚情假意地与对方寒暄，也不是面无表情的冷言冷语，而是发自内心地与他人交流沟通。撕掉自己的虚伪面具，改变自己的冷漠态度，打心底里用善意去接受他人，真诚面对他人，将自己的心放宽，气放柔，容人容己也容下天下之事，自然容易感到欢心与幸福。

容得下他人，就是给自己一席之地

“人非圣贤，孰能无过。”在人生道路上，每个人都不可避免地会出现这样或那样的失误或错误，如果一心盯着别人的错误，人心容易变得越来越狭隘。不宽恕别人的错误的人，不仅给人留下心胸狭隘的印象，还有可能给自己带来更大的损失。这种损失可能是一个订单、一个人才或者一个好朋友。有时候容得下他人的错误，对别人的错误谅解和释怀，其实也是在给自己留下一席之地。

战国时期，楚国与梁国交界，两国边境上各设有界亭，亭卒们各自都在地里种上西瓜，梁国的亭卒很勤快，锄草又浇水，瓜秧长势非常好，而楚国的亭卒却很懒惰，不务农事，西瓜长得就很差，与梁国的瓜田有了天壤之别。楚国的亭卒们心生嫉妒，在一个无月的夜晚，他们跑过境将梁国地里的瓜秧给扯断了。

第二天，梁国的亭卒发现此事，感到非常气愤，上报给县令宋就，要求去扯烂对方的瓜秧，宋就说："这样做当然解气，可明明我们不愿意他们扯断我们的瓜秧，为什么我们还要去扯断他们的瓜秧呢？明明知道不对，我们再跟着学，这实在太狭隘。"亭卒们觉得有道理，问他该怎么办，宋就说："你们可以每晚给他们的瓜秧浇水，让他们的瓜秧好起来。"听了宋就的话梁亭的人觉得很有道理，于是就照做了。

一段时间之后，楚国人发现自己的瓜秧长得一天比一天好，他们很奇怪，仔细观察，才发现原来是梁国人为他们的瓜秧浇了水，他们觉得非常惭愧，于是上报楚王，楚王听了，特备厚礼送至梁国，表达酬谢，并以示自责，结果一对敌国因此成了友好的邻邦。

梁国人正是懂得得理也饶人的道理，以仁心容忍了他人的过失，从而修成了楚梁之好。可能一开始看似吃亏，但最后因祸得福。

有了"容"，才有"融"。只要我们一切看开，心胸放宽，包容万物，自然能够在世间游刃有余。懂得给予、包容他人，适当的时候吃点亏也无妨，给予得越多，越能拥有更多的快乐。有时候吃亏也是一种福分。狭路相逢时，各让一步，则皆大欢喜，否则，就往往是两败俱伤。

从前印度有位国王，是个大慈大悲的国王。他的邻国，有位婆罗门子，父亲去世了，剩下母亲和姐姐，三人相依为命，生活贫困。一天，母亲叫儿子去向一切施王求乞，希望能得到帮助。

可是，这时的一切施王，正遭遇最大的困难，邻国兵临城下，城里却没事般的平静，大军丝毫不受阻，长驱直入，很快地便占领了城池。原来一切施王得知大军到来，偷偷撤离王宫，他想奉献城池给邻国，只要不伤百姓。可是，贪得无厌的暴王想斩草除根，出了重金悬赏，只为捉拿一切施王。

一切施王离开王宫，一直往荒郊野外走去，大约走了500里，遇见了那奉母之命前来求乞的婆罗门子。得知小孩的遭遇后，一切施王深表同情。他把自己的遭遇说给小孩子听，小孩子也很受感动，痛哭流涕，一切施王安慰他，并承诺他，可以满足他的希望。

一切施王平静地说："邻国国王已经得到我的国土，但他还出重金来捉拿我。你可以把我杀了，拿我的首级去换取重赏。"

小孩子不忍心，一切施王教他割截耳朵或鼻子也可以，小孩子也不忍心，最后一切施王说："你不肯杀我，也不肯伤我，那么，把我捆起来，押送过去，总可以了吧？"

小孩子年幼无知，觉得这样很好，照着一切施王的话去做了。两人一起向城里走去，到了距城约2里路时，一切施王教小孩子将自己绑起来，进入城内。

有人将一切施王被缚的消息报告给暴王，暴王喜出望外，随即命人带入宫中。大臣们看到被捆绑的一切施王，皆伏地痛哭，声音极是凄凉，甚为感人，暴王有些动心，问大臣们道：

"你们为何如此悲伤？"

"大王！请原谅我们的失礼吧！我们看到一切施王，他没有了国家和王位，把自己的身体布施给人，却一点不觉得懊悔，他的行为实在伟大，我们情不自禁地被感动！"

听了大臣们这么说，暴王残暴的心逐渐地平息。当他听了小孩子叙述的一切施王的遭遇后，深深感动，他跪倒在一切施王面前，把印绶、国土统统归还给他，并且说："我得到你的国土，但我没有得到你的民心；你虽把一切都甘愿施舍，但你拥有了最宝贵的人心，我明白了，用暴力获得的东西没有价值，还是把你的国家还给你吧。"

暴王虽然占领了一切施王的国土和人民，但这只不过是形式上的占有罢了。实际上，真正将国家、自己的性命都给予别人的一切施王才是真正地拥有民心、拥有国家的王。他能够容下他人，也给自己留了一席之地。如果一切施王是一个自私自利的君主，他最后的下场可想而知。

一个人活在世上，要学会容得下他人，能够处处为别人着想。俗话说"狭路相逢勇者胜"，其实真正的道理应该是"狭路相逢容者胜"。这俗话说，"径行窄处，留一步与人行；滋味浓时，减三分让人尝。"时时刻刻懂得与别人分享，这便是人德："莫把真心空计较，唯有大德享百福。"不要太过计较亏与得，容得下他人，才会为自己赢得更广阔的空间。

人至察则无徒，不必纠结小事

有人说睿智的人生活得比较幸福。的确，生活也是一门艺术，需要睿智。但是需要明确的是，睿智并不等同于透彻、精明，也不意味着火眼金睛，明察秋毫，心细如发，更不一定能够洞察身边所有的人，对生活里的每一件事都细加体察。如果现实生活中真有这样"睿智"的人，那么他一定很难与他人好好相处。

正如古人所言："水至清则无鱼，人至察则无徒。"人若太精明，太透彻，就不会有伙伴。因为他会对身边的人苛求，一点小小的差异和过错都会引起他的不满，又因为这种人总是纠结于小事，很容易就给周围的人留下一种心地狭窄的印象。每个人都会希望自己身边的朋友是乐观豁达之人，谁也不会喜欢自私、狭隘、苛刻的人。

所以，人最好不要过多地纠结于小事，那些可以睁一只眼闭一只眼，可以不在乎的事，就让它云淡风轻地从眼前过去。太过纠缠于小问题的人，往往很难对人有包容和体谅的心，也往往习惯于盯住人生的烦恼，而很难看到生命里美好的一面。

奄奄一息之际，一个男人回想自己的一生，他过去的所有生活都浮现在眼前。想到以前干的坏事，他为之深深忏悔。同时，他想到所有自己曾担心过的一些无聊小事：他曾为工作时间长、薪水少、没多少机会升迁而发愁；他也曾为没钱买房而烦恼；还记得每晚回家，自己总感到非常疲倦和悲伤，常为一点小事跟老婆吵架；他甚至还为额头上的一块小疤苦恼过。

多少年了，那些令人发愁的小事在他看来都是大事，但在即将离世时，这些事情又是多么荒唐、渺小。

在面对死亡的威胁时，人们才会明白曾经为那些琐碎的事情而苦恼实在是得不偿失，人生最愚蠢的事情莫过于整日生活在烦恼和纠结中。活在烦恼中的人自觉陷进了痛苦的深渊，却不知道让自己身陷痛苦难以自拔的不是别人，正是自己。许多烦心和忧愁的事情都是自己给自己绑的绳索，也是自己给自己设下的精神陷阱。

不管是别人的错误也好，还是生活中突如其来的小麻烦、小困扰也罢，我们都没有必要过多地放在心上，一味地纠结于小事，只是白白浪费生命罢了。心里多一些淡然、多一些宽容，很多小麻烦都可以轻松化解。

很多时候，令自己烦恼的都不是大事，和生死大事相比，生活中让我们烦恼的事情就显得微不足道了，所以大可不必在小事上太过认真，不如淡然地一笑了之，抛却烦恼就是这样简单。这并不是说要我们活得不那么清醒，而是说要学会在适当的时候放空自己的心；不是说用犀利的眼光去看世界的缺角，用敏感的心去计较每一件事，而是说用温柔的眼光去看到美好的东西，用宽广的心胸去容纳生命里一切好的和坏的遭遇。

过雅量人生，千般凡事不挂心

生活中真正有大雅量的人是智者，他能参透人生本源，感受到生命的溯真，即使是在面对诸多责难和非议的时候，内心也清净如水。心有雅量，凡事不挂碍于心，便如一缕阳光柔化心田，柔化生命中的一切悲伤与苦难。

清者自清，浊者自浊，面对生活中的诋毁和误会，我们不需要汲汲务求去澄清，而是需要用一种雅量的胸怀去承受。凡事不要千方百计地挂在心上，只要拥有包容之心，毁谤自然不攻自破，误会也可自然化解。同样，在遭遇来自外界的伤害时，也不必睚眦必报，如果事事挂在心上，甚至记恨、报复，那么恶果最后还会回到自己身上。

一位画家在集市卖画，不远处，前呼后拥地来了一位大臣的孩子，这位大臣年轻时曾与画家之父交恶，因此当孩子在画作前流连忘返，选中一幅画想要买下时，出于往日的旧恨，画家匆匆用一块布把画遮盖住，并宣称这幅画不卖。

自此，这孩子因心病而变得憔悴，最终，这位大臣出面了，表示愿意出高价买这幅画。但画家宁可把这幅画挂到自己画室的墙上，也不愿出售。他阴着脸坐于画前，喃喃自语地说：“这就是我的报复。”

过去，每天清晨画家都要画一幅他信奉的神像，这是他忠诚于信仰的唯一方式。但现在，他觉得这些神像与以前画的神像迥然相异，这让他苦恼不已，他不断地找原因。突然有一天，他惊慌地丢下手中的画，跳了起来：刚画好的神像的眼，竟然就是那位大臣的眼睛，嘴唇也那么酷似。

他把画撕得粉碎，并且高喊：“报复已经回到我自己头上来了！”

如果画家以能包容、有雅量的心去宽容曾经伤害过自己父亲的大臣，也许两家会和好。即使不能成为世交好友，至少他也不会日日被仇恨缠身，被痛苦侵蚀了生活。很多时候，在面对和处理外来的伤害时，是用仇恨去伤害对方，还是用包容豁达的心去看淡和原谅对方；是用狭隘的心将自己和他人困在怨恨的枷锁里不得动弹，还是用宽大的胸怀消弭心中的愤怒不平，给自己和周围人的生活带来自由和快乐，结果如何完全取决于我们的态度。有时，我们不妨多一些雅量，忘记别人对自己的诽谤或者伤害，凡事不挂在心上，是非、对错、善恶……一切都留给时间去证明。

时间可以治愈苦痛，冲淡欲求。此时痛苦得无可忍受的事，过段时间再去看，就会变得无关紧要；此时觉得一定要得到手的东西，随着时间的流逝，也不会再牵动我们的心念。能看到这一点，就不会时时将得失、喜怒放在心上。一个不将自我的利益和情绪放得太大的人，才会具备真正的雅量，做到凡事不挂心，这样，遇到矛盾时也就不会与他人针尖对麦芒了。

第三章　莫苛求，世上没有绝对完美

别苛求，你不能让所有人满意

生活中我们常常因为别人的不满意而烦恼不已，于是费尽心思，小心翼翼地生活，去让更多的人对自己满意。但即便是这样，依然不会让所有人满意。很多时候，我们在工作上，其实花不了太多的时间，却是将大量的时间都花在了苛求自己，让自己符合别人期待这些事情上，所以身体累，心也累，始终不能放开自己，活得真实、自在。

在这个社会上生活，每个人都希望自己拥有和谐的人际关系，但我们不可能让每一个人都对我们展露笑容。通常的情况是，我们以为自己照顾到了每一个人的感受，但还是有人不满，甚至有人根本不领情。每个人的眼光都不相同，因此，也没有哪个人能真正做到让所有人都称赞、欣赏。每个人的利益是不一致的，每个人的立场和主观感受也不同，所以我们想面面俱到，不得罪任何人，又想讨好每一个人，那是绝对不可能的。

从前有位画家，他想画出一幅人人都喜欢的画。于是，画画完了，他拿到市场上去展出。在画旁他放了一支笔，附上说明：“每一位观赏者，如认为此画有欠佳之处，均可在画上标明记号。”

晚上，画家取回了画，发现整幅画面涂满了记号——没有一笔不被指责。画家十分不悦，深感失望。画家决定换种方法试试。

画家摹了一张同样的画，又拿到市场展出。可是这一次，他要求每一位观赏者将其最欣赏的妙笔标上记号。画家再取回画时，他发现画面又涂遍了记号。那些曾被指责过的笔画，却都换上了赞美的标记。

我们每个人其实就是这样的一幅画，有人批评也会有人赞扬。因为每个人看待事物的角度不同，在有些人看来是丑恶的东西，在另一些人眼里则恰恰是美好的。聪明的人会意识到这一点，让自己放松对生活的苛求，从自我设置的牢笼中挣脱出来，不必过于执着于他人的眼光和看法，尽情走自己的路，让自己满意就行了。

当我们面对他人的不满意时，停留在原地徘徊或是嗟叹只会浪费重新证明自己的时机。人生的路都是自己走出来的，别人只能作为看客，况且条条大路通罗马，换一条路，也许那里的人们会懂得欣赏自己。人不必苛求，太过于在意别人的看法，否则容易被扰得心烦意乱。只要坚持自己的追求，不愧于自己的心意就好，而任何别人的不满意都不会否定我们凝结在这条路上的心血和努力。

一次只做好一件事就足够

佛陀说："你想提高生活的效益、待遇，只有把精力集中在一个有限的层面上。你什么都想会、什么都想做，就意味着什么都不精通。"有人问拿破仑打胜仗的秘诀是什么，他说："就是在某一点上集中最大优势兵力，也可以说是集中兵力，各个击破。"

很多伟大的人，一生的成就都可以归功于"在一定时期内不遗余力地做一件事"这一信条。在任何领域，集中精力于一个目标上，专心致志，做事才卓有成效。一次做好一件事比同时涉猎多个领域要好得多。

一次，某人到同学的单位，找同学商谈同学聚会的事情。走进同学的办公室，这人就感觉很诧异。“你没处理的信件放哪儿了？”他指了指整洁的办公桌问。

同学说：“我的信件都已处理完了。”

“那今天没干的事又推给谁了呢？”这人追问。他同学笑着回答：“我所有的事情都已处理完了。”

同学见他一脸疑惑，笑笑接着说：“原因很简单，我知道需要处理的事情很多，但精力有限，一次只能处理一件事情，于是我就按所要处理的事情的重要性，列一个顺序表，然后就一件一件地处理。结果，都处理完了。”

在办公室内，我们经常可以看到许多办公桌上杂乱无序，文件夹随处乱放。如果我们问这个人为何会这样，他一定会说：“有一大堆事情等着我，我哪还有工夫整理这些。”其实不是他没有时间，而是他不能将心思逐一地专注于一件事情上，所以任何事情都是杂乱无序的。

一次只做好一件事情，如果把每一件事情都做好了，效率自然就高了。如果东忙一点，西忙一下，或者想超负荷一次完成数件事情，那结果只会使事情变得更糟糕。如果每个人都能够做到一次只做好一件事情，再做另一件事情，不苛求、不急于求成，那么任何事情都会得到妥善地解决。

有一个人富可敌国，最令人钦佩的是他不但工作处理得非常好，而且能将一切事务掌握自如，晚上的宴会他也是每场必到，白天忙完公务后仍能有足够的时间和大家一起吃饭玩乐。手中工作繁忙，但他还是能安排出时间来欣赏节目。他是如何运用自己的时间呢？

这个富人解释说：“其实能轻松自如地做好事情很简单，只要你能安排好事情的轻重缓急，然后一次仅做一件事情，今日事今日毕，无论做任何事都集中精力于一件事情就可以，仅此而已。”

这个富人正是能够每一次都把精力只集中于一件事情上，让自己不受其他事情的干扰，所以能够有足够的时间工作和娱乐。想要快速高效地解决好工作中出现的问题，就需要养成专注工作，一次只做一件事的好习惯。如果工作起来不专注，即使去做一件很简单的事情，也很容易出现问题。

一个人的精力毕竟是有限的，如果将精力都分散到好几件事情上，难免会顾此失彼。因此，要做一个高效地解决问题的人，就应尽可能一次仅做好一件事情，这样才能够及时地解决问题，并且不至于让自己陷入生活的麻烦当中。

心浮气躁，难以享受福气

浮躁，乃心浮气躁的意思，它往往是造成人们做事目的与结果不一致的常见的原因。如果心浮气躁，一味地追求效率和速度，做起事来既无准备，也无计划，只凭一时的心血来潮就动手去做，恨不能一日千里、一蹴而就，往往事倍功半，其结果只能与目的背道而驰。

宋朝的朱熹在去除浮躁心理方面就做得非常好。他是个绝顶聪明之人，从十五六岁就开始研究禅学。而到了中年之时他才感觉到，速成不是做学问的良方。于是他以“欲速则不达”这句话作为自己做学问的指导，从此心平气和，踏踏实实地做学问，并获得了一定的成就。要想真正去成就一番事业，就必须静下心来，脚踏实地，摆脱速成心理的牵制，戒除急躁，明确最根本的目的。

一位学僧求教禅师："师父，就我的资质多久可开悟？"

禅师说："10 年。"

学僧又问："10 年？师父，我加倍苦修的话，又需要多久开悟呢？"

禅师说："20 年。"

学僧很疑惑，于是又问："如果我披星戴月，不眠不休，只为禅修，又需要多久开悟呢？"

禅师说："那样你将永无开悟之日。"

学僧诧异道："为什么？"

禅师说："因为你太在意禅修的结果，又怎么有时间来关注自己呢？"

禅师是在劝诫学僧，凡事切不可急躁。遇事急躁，就会在错误的思路中越陷越深。许多人总希望自己走捷径，能够用最短的时间、最少的气力获得最大的成功。但是成功是一个循序渐进的过程，我们不能只看到成功之后的情形，忽略了先前付出努力的漫漫长路。

心浮气躁的人，不仅不能获得成功，更很难享受到人生的福气。所谓福气，是指一个人能够享受幸福生活的命运，而幸福和好运来源于心灵的安然和宁静。一个时时刻刻处于焦躁之中，心中只装着欲求和功利的人，自然难以享受生活中原本该有的悠然时刻，看不到途中的优美风景，也不会有心思与身边的人和善相处，营造和谐温情的人际关系，如此一来，幸福和福气当然无从谈起。

静下心来，戒除浮躁方可获得人生之大福。慢一点，安静一点，你并不会丧失更多，反而会收获更多。让行为平和一点，让心灵澄澈一点，让生活简单一点，福气自然会到来。

将眼光停留在生活的美好处

人生在世，际遇各不相同。有的人会为清贫的生活感到苦恼；有的人会为富裕的生活感到痛苦；大多数人总会感到不快乐、不幸福。幸福明明就在身旁，他们却浑然不觉，这是因为他们看不到生活的美好之处，从而一直无法与幸福产生交集。

要想随时感受到幸福，就不能总把目光停留在那些消极的东西上，那只会令人沮丧、自卑，徒增烦恼，还会影响一个人的身心健康，甚至让人生本该有的光辉被失败的阴影遮蔽。悲观失望的人在挫折面前，会陷入不能自救的境地；而能够看到生活美好的人即使在绝境之中，也能看到一线生机。

很多时候，人们被消极的情绪所挟持，无法从现有的生活里获得快乐，那是因为他们只看到自己没有得到或已经失去的东西，而不懂得对正在拥有的一切心怀感恩，不懂得从平凡的生活里发现乐趣。

有一位不错的画家，他喜欢画欢快的世界，因为他自己就是一个乐观的人。没人买他的画，他想起来时会有些伤感，但只是一会儿。

朋友们劝他："玩玩彩票吧！花两块钱便可赢很多钱！"

画家花两块钱买了一张彩票，果真中了彩！他赚了50万。

画家买了一幢别墅并进行了一番装饰。他很有品味，买了很多好东西：地毯、柜橱、小桌、瓷器，还有古老的吊灯。

画家很满足，他坐下来点燃一支香烟静静享受他的幸福。他感到好孤单，便想去看看朋友。把烟往地上一扔——在原来那个石头画室里他经常这样做，然后就出去了。

香烟躺在地上，燃烧着躺在华丽的地毯上……1 小时后，别墅变成一片火海，被完全烧毁了。

很快朋友们就知道了这个消息，他们都来安慰画家。

“真是不幸呀！”他们说。

“怎么不幸了？”他问。

“损失呀！你现在啥都没了。”

“什么呀？不过是损失了两元钱。”

朋友们为了失去的别墅而惋惜，可是画家不在意，正如他所说的，不过是两块钱，当然不会影响他正常的生活，让他陷入悲伤之中。人们总是盯着失去的那一部分，是因为对拥有过的东西太过执着，其实看开了的话，也只不过是退回到拥有之前的状态罢了。有一颗乐观的心，即使是遇到再悲惨的事情，也不会令人绝望。

没有人是为了感受痛苦和烦恼才到这个世上走一遭的，但很多人在生命的旅程中自寻烦恼和痛苦。实际上，如若我们愿意去挖掘生活中更多的美，就能在很大程度上冲淡那些不快乐、不幸福的感觉。生命没有我们想象得那么糟糕，用美好的心灵去生活，生活也会变得美好起来。

一次，林清玄在金门的古董店买到一只精美的大铜环和一些简朴的陶制坠子。他从未见过的这种东西，古董店老板告诉他，是从前渔民们网鱼的用具，陶制的坠子一粒粒绑于渔网底部，以便下网时，渔网好迅速地垂入海中。

大铜环是网眼，像衣服上的领子一样，抓住铜环提起来，整个渔网就能提起来了，一条鱼也跑不掉。

回至房中，林清玄把拣来的松果放至铜环与陶坠旁边，看到这些五彩斑斓的铜环、陶坠有感而发，他感到诗人、文学家、艺术家，乃至一切美的创造者，正是心中有铜环和陶坠的人。茫茫的生命大海中，心灵的鱼在其间游来游去，一般人由于水深海阔看不到美好的鱼，或因为粗心轻忽，就让鱼悄悄地溜走了。

有美好心灵、细腻感悟生活的人，则是把陶坠深深沉入海中，铜环在手，波浪的涌动和鱼的游动都能了然于胸，垂丝千尺，意在深潭，捕捉到那飘忽不定的思想的鱼、观点的鱼。

平凡人的喜乐，即是每天在平淡的生活里找寻一些智慧的鱼，时常在凡俗的日子捞起一些美好的鱼。

在林清玄心中，一张渔网也可以是一张生活的网，而那铜环和陶坠就是面对生活的态度。擦亮生命的铜环和生活的陶坠子，每天有一点甜美、一点幸福的感情，就是一种生命的美好。

养成乐观的个性，面对所有的打击都可以坚韧地承受，面对生活的阴影也可以勇敢地克服，这并非不可能做到的事。任何事物总有光明的一面，我们应该去发现光明、美好的一面。一位诗人说过："即使到了我生命的最后一天，我也要像太阳一样，总是面对着事物光明的一面。"这告诉我们：只要有一双发现美的眼睛，就会发现这世界到处都有明媚宜人的阳光。

勇敢的人一路纵情歌唱，即使在乌云的笼罩之下，他也会对美好未来的充满期待，跳动的心灵一刻也不曾沮丧悲观；勇敢的人不管从事什么行业，他都会觉得工作很重要、很体面；勇敢的人即使衣衫褴褛，也无碍于他的尊严；勇敢的人不仅自己感到快乐，也会给别人带来快乐。

第四章　不较真，活着别让自己心太累

过分执着无异于故步自封

世间万物不论是山川大地还是河流海洋，甚至是人的心境，都处在不断地运动变化之中，没有什么是永恒的。生命的过程，从小到老，最后一直到肉体灭亡为止，都在不停地变化，生理身体在变，人的观念也在变。有些变化一眼就能看出来，有的变化用肉眼则很难分辨，但总体而言，变化才是世间常态。

人的一生，外界的境遇，内心的想法，都不可能一成不变。既然如此，那么在心态、思想该改变的那一刻，就应该让它改变，而不应该执着于自认为对的观念，否则便会被这些观念拖住前进的脚步。

过分执着于一些无谓的事情是徒劳无功的。比如，错误已经犯下，自己再怎么样愧疚，也没有多大意义，不如想着如何改正错误，如何弥补损失，这样才会对人对己多一点益处。

老比丘带着小沙弥同去化缘，师徒俩不觉中越走越远，等想到要回去时，天快黑了。师父年龄大，走得也慢，徒弟便上前搀着师父走。

天越来越黑，他们来至一片树林中，天已黑得伸手不见五指了，只听到师徒行走的脚步声和树叶的沙沙声，远方还传来各种野兽的凄厉叫声。

小沙弥听说树林中常有野兽出没，为保护师父，紧紧地抱住师父的肩膀，连推带拽地向树林边缘走去。

师父年老体衰，东奔西走一整天，早就累得不行了，加上看不清路，一个踉跄摔倒在地，头刚好磕在石头上，一下就死去了。

师父突然倒在地上，小沙弥赶紧把他拉起来，但师父没什么反应，才发觉师父已经死了，不禁惊诧万分，痛哭失声。

天亮后，埋葬了师父，小沙弥独自一人回到寺庙。

寺里的比丘们得知事情的经过，纷纷指责小沙弥：

“都是你不小心，害死自己的师父。”

“就是说嘛！竟把自己的师父推去撞石头！”

小沙弥百口难辩，觉得很委屈，就去找佛陀诉苦。

佛陀让小沙弥坐下，说道：“你要说的话我全知道了，你师父的死不是你的错。”

话虽如此，但小沙弥还是愁眉苦脸，萎靡不振的。

佛陀看了，微笑着继续说：“我讲个故事给你听吧！从前有一位父亲得了重病，儿子很着急，四处求医问药。他每天服侍父亲，吃完药扶父亲上床睡觉。可他们住的是一间茅草屋，地上潮湿，引来许多蚊蝇，整天飞来飞去，打扰父亲睡眠。见父亲在床上睡不着，儿子马上找来苍蝇拍到处追打，却怎么也打不完。

“儿子气极了，抄起一根大棍子挥舞起来，拼命追打空中的蚊蝇。恰巧一只蚊蝇落在父亲的鼻尖上，一时没看清楚，儿子慌忙中一杖打去，父亲被棍子重重揍了一下，连哼都没哼一声，就死去了。”

佛陀停了一会儿说：“孝顺的儿子无意中伤人性命，只能算是一个意外，不能因此指责儿子是杀人犯，否则可就冤枉他了。你使劲推你的师父，是怕师父遭受野兽的袭击，并不是心存恶念，故意要伤害他的性命，是吗？”小沙弥点头称是。

佛陀说：“虽说我讲的故事和你所经历的事有些不同，但道理是一样的。佛法慈悲，你安心修行吧！”

听了佛陀的话，小沙弥心中获得了安慰，从此更加勤奋修行了。

小沙弥虽然犯了错误，但是他并非故意犯错。虽然做错了事情，却没有错心，所以佛陀宽慰他，希望他不要让心念一直停留在自己的错事上，整天郁郁寡欢，而是要放下这样的心结，专心于修行。

但这并不意味着任何人犯了错误都可以立刻被原谅，不必承担责任，而是说，不必过分执着于错误。为错误而愧疚、羞耻是应该的，但为了错误而停留在原地，故步自封，甚至抛下自己本该做好的事，却是不应该的。

一个过于执着的人，往往也是一个完美主义者。他会希望自己的人生如同白玉一般，毫无瑕疵，一旦染上了什么污点，就会在意得不得了，只知道一味盯着污点，而忽略掉整块白玉的纯洁。实际上，人生本来就不完美，一味地追求完美最后也只会落得不完美的结局。

从前有一个男人，他一直独身，因为他永远在寻觅一个“完美”的女人。

当70岁的时候，有人问他：“你总是在到处旅行，从喀布尔到加德满都，从加德满都到果阿，你一直在寻觅，难道你一个完美的女人都没找到吗？”

老人非常悲伤，他说：“不，有一次我确实碰到了一个，一个我梦想中的完美的女人。”

发问者说：“那么发生了什么，你们为什么不结婚呢？”

老人更加伤心了，他说：“怎么办呢？她也正在寻觅一个完美的男人。”

这个男人执着于寻找完美的女人，到头来也只换来了一场空。每个人心中对完美的定义不同，如果世间人人都追求自己心中的完美，那么，所有人的人生都不会完美，都只是在一次次白白错失机遇罢了。

不管做人还是做事，做到无愧于心即可，不必苛求完美。因为这个世界上的事情，不会全都顺着自己，有时候即使花上一辈子的时间，也不一定能达到那种想象中的完美。

不管是执着于错误的饮恨，还是执着于完美的空想，这些都是无法放下心中苛求的表现。如果我们能够使自己的内心归于平静，放下不必要的苛求，不被无谓的执着困住，便可以洒脱地面对人生。

心头火灭却，佛前灯燃起

现代社会在制造出效率和速度的同时，也使我们内心的清净逐渐丧失，那种恬静如诗般的岁月对现代人来讲已成为最大的奢侈。物的欲望在慢慢地吞噬人的性灵和光彩，内心对于平静的诉求，在这种繁忙与喧嚣中也被淹没了。我们留给自己的内心空间被压榨到最小，所以遇到一点点小事就能产生情绪上的波动，发怒和抱怨似乎也已经成为日常生活的一部分。

如果遇到不如意的事情就愤怒、仇视、怨恨他人，这会对自己的身心健康产生很严重的影响。因为这种愤怒和怨恨就如同在内心燃起的一场大火，最后烧伤的仍是我们自己。要灭却这场心头的大火，就不能让欲望充斥我们的生活，就需要保持一份淡泊，那么心中自然会点亮一盏宁静之灯。

唐朝马祖道一禅师终生提倡“即心即佛”。他弟子法常就是从这句话契入悟机，彻悟后隐居大梅山。一天，马祖派侍者想试探法常，对他说："法常，你已经领悟了老师的'即心即佛'，但老师最近又言'非心非佛'呢！"法常听之，不为所动："我不管别的，我仍是'即心即佛'。"马祖禅师听完侍者的禀报，欣然点头道："梅子成熟了！"

古时的有道高僧说"竹影扫阶尘不动"，法常既悟了"即心即佛"的道理，就稳坐泰山，即便老师的观点真的180度大转变，由"即心即佛"改成了"非心非佛"，对他来说也不过是阶前的竹影因风摇曳，扫不动一点尘埃而已。

所谓"心不在焉，视而不见，听而不闻，食而不知其味"是指世间不管如何差别动乱，在悟道的人看起来，千差万别仍然归于平等，动乱颠倒亦终归于寂静。心不轻易为外界所动，不被欲望和凡尘俗世所打扰，自然可以心平气和，怒气全消。

少一些妄念和对欲望的执着，心中是非自然遣散而去。当心中多余的负累被掏空，那么苦从何来，怒又从何来！

有一个人很有钱，拥有着非常大的产业，不幸的是有一次他被人骗了，倾家荡产，妻子也离开了他。

崩溃之际，他向朋友求助："我不知我还能做什么？"沉吟片刻后朋友回答："你啥都能做，别忘了，最初咱们都是从'零'开始的！"

他恍然大悟，他勇气倍生："是啊！我们原本就一无所有，既然如此，又有好怕的呢？"历经了挫折之后，这个人体悟到人生"无常"的一面，费力去强求失去的或不属于自己的，即使勉强得到，最后也留不住；反之一旦放下了，随之而来的是更大的能量。其实一个人的需要很有限，许多附加的东西只是徒增负担而已。

念头一转，这个人从零做起，一点一滴积累，迎来了自己人生的第二春。

这个破产的人先前心中有太多的杂念和欲望，所以一遇到外界的动荡就心烦意乱，甚至想自绝余生。但是当他放下欲念，内心就回归到了难得的平静之中。

我们常常感到自己的脾气越来越坏，而且身心疲惫，但即便如此，也不会轻易放松自己。因为在我们看来，很多人比我们的生活更富足，很多人的权力比我们大，所以别无他法，只能硬着头皮往前冲，在无奈中透支着体力、精力与生命。这些因欲望而产生的怒火，因不必要的贪念累积起来的心火，支配着我们的生活。

当我们被欲望束缚得精疲力竭、疲惫不堪时，不妨静下心来想一想：有什么目标真的非让我们实现不可？又有什么东西值得我们用宝贵的生命去换取？所有的追逐、疲惫、怒气都是因心不能平静而产生，而当这些“心头火”灭却的时候，心头的佛灯自会燃起。

藏拙是智慧，藏巧是修行

掩藏自己的弱点，才不会让对手有可乘之机；聪明却不外露，才能蓄势待发，给对手一个措手不及，这就是所谓“藏巧守拙，用晦如明”。无论是机巧奸猾之人还是忠直厚道之人，几乎都喜欢傻呵呵不会弄巧的人。所以，要达到自己的目标，装糊涂，藏巧守拙都是很好的方法。

俗话说：“枪打出头鸟。”锋芒太露容易遭人嫉恨，更容易树敌。老子曾经说："良贾深藏若虚，君子盛德，容貌若愚。"这就是说，表面上看着比较强悍、威风凛凛的人并不是最有能力的，而真正有本领的人懂得隐藏自己的实力、不轻易将才艺外露。因为喜好显摆的人，是最为肤浅的人，也是最容易遭人嫉恨的人，韬光养晦才是聪明人之所为。

森林里，大象不断被人猎杀，每次猎杀完，人类并没运走大象的身躯，直接取走了象牙，因为那才是人类所需要的。所以有的大象为了生存，每天都会很小心，见到人类后就东躲西藏，与人类接触会时时提高警惕，即使是这样，它们还是难逃厄运，一只又一只的大象倒在人类的枪口下。奇怪的是，有一只公象却从未受到人类的威胁，它每天都从容地到处转悠，有时甚至还可到人类居住的村庄附近吃玉米，人类见了它，都没想过猎杀他，有时甚至还会和它打招呼，人们对他表现得非常友善，这让其他大象极为不解。

"有什么秘诀吗？人类为何从不伤害你，却总把枪口对准我们呢？"大象族长问它。"你看我与你们有何不同吗？"那只公象抬起头来看着族长和其他同类。大家惊奇地发现他的象牙竟然不见了，于是大家问："你的牙呢？""是啊，我没牙齿。从很早以前起，我每天做的第一件事就是磨自己的牙，而正是因为此，人类枪杀我没有任何价值，所以我才能这样自在、安闲地生活着。"

象牙是公象吸引配偶的绝佳武器，哪只象的牙粗壮、美丽，它就会更加受青睐，所以公象们都以自己的象牙为荣。然而，正是这代表荣誉的象牙，被人类觊觎，才为公象们引来了杀身之祸。此时，磨掉象牙，收敛自己的锋芒，才是保护自己的最好办法。

正所谓花要半开，酒要半醉，鲜花在盛开得太过娇艳的时候，往往会被人采摘，这就是衰败的开始。过于聪明的人，常常都会是别人猜忌的对象，而装糊涂则可以有效地保护自己，做到不露锋芒，不执着于自己的天赋和成功，才是聪明之举。在展现自己的才华时，要低调处事，不要争强好胜，盲目骄傲自大，凡事不要太张狂，太咄咄逼人，而要随时随地养成谦虚做人的美德。

地球不会因为缺少谁而不能转动，所以还是收敛起自己的锋芒，实实在在地做人，将自己的智慧低调地保存于心，这样才能保全自己。

不要拒绝打开和解的门

人与人在发生矛盾后，不管哪一方心里都会不痛快，也都很容易失态，口出恶言。但是，一时把话说绝了，痛快也只能是一时的，而受伤害的是双方长远的关系和自己的声誉。所以，即使有了再大的矛盾，也应该把握住一点，不能把话说绝，要给双方留下一个重归于好的余地，有和解的机会时也一定不要错过。

俗话讲“多个朋友多条路”“冤家宜解不宜结”，说不定什么时候你就会需要别人帮忙，这时候一份善意真诚的友情就显得弥足珍贵。所以，与朋友产生矛盾之后，不妨主动去打开和解的大门。即使有时做不到这一点，也不应拒绝对方传递过来的善意。

有两位天文学家因合作的研究项目，建立了亲密的友谊。后来，其中一人误听妻子的挑拨，放弃研究课题，离开了。然而后者并没由此而指责前者，宽大为怀，还写信进行解释。没过多久，离开的那位天文学家明白自己误听了谗言，他觉得十分惭愧，写信向同伴道歉，并回到了同伴身边。两人道歉，再度合作，终于研究出足可载入史册的成果。

一个不计前嫌，主动和解，另一个幡然悔悟，及时道歉，所以二人得以重归于好。有的人一旦和别人发生矛盾，就与人反目为仇，谩骂指责，不肯放低身段、放宽胸怀，与对方和解。长此以往，必然会使身边的朋友都离他远去，最终成为一个不受欢迎的人。

顽固不化的人，过分执着于自己的面子和尊严，看轻情意和人际的温暖，因而活得紧张、自私、不快乐。若能放下心头的执着，拉下面子，友好地解决问题，多从对方的角度考虑问题便会多收获一份平静，多收获一个朋友。

在一个小镇上，有一对邻居，他们并不是友好邻居，谁也记不清到底是为啥，就是不睦。他们不喜欢对方，此原因就足够了。所以他们经常发生口角，多数情况下连招呼都不打。

后来，一家外出度假两周。开始，另一家人并未注意到他们走了。一天傍晚，这家主人在自家院子里除过草，注意到邻家的草已很高了。

他想，这等于邀请盗匪入户。而后，又一个想法攫住了他。

“我看看那高高的草坪，心里实在不愿去帮助我不喜欢的人。”他说，“尽管我很想从脑子里去除这种想法，帮忙的想法却挥之不去。第二天一早，我就进去把那块长疯了的草坪整理好了！”

“几天后，邻居在一个周日的下午回来了。回来不久，就看见他们于街上走来走去，在每所房子前停留。”

“最后他敲了我的门，我开门时，他正盯着我，脸上奇怪和不解的表情非常明显。”

“很久，他才说话：‘你好，你帮我除草了？’这是他长久以来第一次和我说话。‘我问遍所有的人，他们都没除。有人说是你干的，是真的吗？’语气几乎是在责备。”

“‘是，是我除的。’我几乎用挑战性的语气说。我等着他为了我除他的草而大发雷霆。”

“他犹豫了，像在考虑。最后他用低得几乎听不见的声音嘟囔说‘谢谢’之后，马上走开了。”

就这样两家之间打破了沉默。虽还没发展到一起聊天喝茶，妻子们也没为互相借点儿糖或是闲聊而频繁走动，但他们的关系在改善。至少除草的时候他们相互间有了笑容，有时还会相互道一声“你好”。先前他们后院的战场现在已成了非军事区。

与其多一个怒目而视的敌人，不如像这两家人那样化敌为友，很显然，多一个朋友比多一个敌人，更容易让人感受到生活的美好与幸福。主动迈出和解的一步，并不是很难。过多地考虑面子等因素，只会阻碍和解的步伐，延迟分享友谊的快乐。主动伸出我们的手，不要犹豫，你会发现伸出的手马上就会有人握住。

其实获得一份友谊，就是一个微笑、一次点头示意、一句“你好”，任何人际关系的坚冰都会在这些温暖的举止和言语中融化。与其我们每天和别人怒目相视、彼此谁也不理睬谁，不如豁达一些，放下那些无谓的执着，走出自我的狭隘，减少怨气，用自己的主动换取彼此的和解。

别跟现实对着干，适时选择转弯

有时，人们常常执着于某种念头，不撞南墙不回头，却往往忽视了人生的道路上本就有很多的岔路口。有时候适当的转弯也许能够带来更好的结果。

转弯是一种高妙的艺术。在战场上，有时候要勇敢地向前冲锋，有时也要采取迂回战术；开山辟路，想要达到峰顶，必得有九弯十八拐，不经迂回，不能直上。在人生的直行路上转个弯，纵然道路崎岖，前路难卜，但曲径通幽处，总是别有洞天。

生活中遇到问题时，如果我们能多动一下脑，顺着情势，顺着道路稍微转个弯，别总是跟现实对着干，或许就可以更快地找到解决问题的方法。

有人曾把一只鼹鼠和一只松鼠一起装进空的水泥管道，管道埋入地下，一端通向地面出口，另一端用玻璃封住，在玻璃外面安上了一盏有微弱光线的灯。

关进水泥管后，两只动物开始焦躁不安，它们嗅着，用爪子使劲儿抓着，寻找出口。

此时，松鼠看到了管道一端那微弱的灯光，奋力扑向光源，但灯光被玻璃隔住了，松鼠一次次努力，又一次次失败，但它不肯放弃，一再扑向玻璃墙，直至筋疲力尽。

鼹鼠的视力几乎是零，它在水泥管中四下寻找，左冲右突，时常被撞倒在地上。就是这样，松鼠对着光源穷精竭虑时，鼹鼠却找到了另一端出口。

有一种人生就像松鼠，被自己熟悉的目标吸引，一往无前，义无反顾，可是努力都成了徒劳。其实，阻碍它的正是它自以为是的目标，如果它能学会转弯，就会知道成功并不只是玻璃墙后的那盏灯。

每个人的人生之路都不可能是一条平坦的直道，在中途，会遇到障碍，遇到困境，遭遇危险。我们应该具备挑战困难的勇气，跨越障碍的决心，但这些勇气和决心并不等同于固执、不懂变通。因为放不下心里头的执着，承受不了失败的结果，就会在明明知道行不通的情况下去闯，最终付出惨痛的代价，这无疑是鲁莽、顽固的表现。

古人说的“明知不可为而为之”，并不是教人怎样与现实对着干，而是在赞赏一种坚持理想的勇气。当一条路走不通时，换另一条路走也是一种勇敢。因为换另一条路走，需要放弃很多已经拥有的东西，也需要承认前一条路上的失败，所以更需要从头再来的内心能量。

人生的道路在我们的脚下，更在我们的心中，一个人的心要随路转，那样心路才宽。天无绝人之路，不要因为一条路上的阻碍而绝望，要看到人生中更多的可能性。会转弯不是投机和耍滑头，而是一种变通。人在遇到困难和挫折的时候，适时转弯，往往会迎来成功的转机。

放下输赢，你就赢了

一位禅师曾经对众弟子说：“青藤攀附树枝，爬上了寒松顶；白云疏淡洁白，出没于天空中。世间万物本来清闲，只有人们自己在喧闹忙碌。”世间的人在忙些什么呢？其实不外乎是争逐名利与输赢。

许多人为了求名与好胜而忙碌，生活的种种都被名利输赢所牵系，得到了名利就欢喜，失去了就沮丧失落；赢了别人，就得意忘形，一旦输了，就悲观痛苦。如果陷在利益的围城里不能自拔，利欲熏心，那就犹如竹子开花，最终只能将自己的心神精力全部耗费殆尽，将自己原本纯净、安然、幸福、快乐的内心变成一片没有生机、黑暗阴森的坟墓。

太看重名声利益，太在乎行动的结果，往往会因此影响到最终的成败。

一位衣着优雅的中年人来寺中找师祖比武，他手中的剑精美华贵，剑鞘上雕龙刻凤，每面嵌有一颗碧绿的玉石，把手、护手上也雕刻着精美的祥云，一看就是上好的剑，拥有此剑之人不是一般的有钱有势。

比武那天，师兄弟们搀着师祖来至比武场，小和尚怀里抱有师祖装刀的匣子，来客看到师祖后不着一言，“唰”一下亮出长剑，剑身如一汪秋水，在阳光下闪闪发亮，剑尖微颤，犹如银蛇，看他的剑，只觉师祖的刀简直就是废铁。

小和尚郑重地打开匣子，给师祖递上，师祖摆手，表示不用。来人看在眼中，气在心头，却不敢随意攻击。须知，高手过招，一招定胜负，生死只在一瞬间。必须找出破绽，一击即中，方能分出胜负。因此中年人强压怒火，寻找机会。

师祖并不理会来客，双手负背，仰头看天，似乎并不把这场比试放在心上，让旁边观战的人心里都捏了一把汗。

此时天上飞过一只孤雁，悲鸣异常凄厉，师祖像是自言自语：“哦，掉队了！”这时，来客看准时机出手了，场外所有人都惊叫了起来。

谁都没顾上看清师祖是怎么躲避的，或如何出手的，等大家回过神，场内二人已相距一丈有余，相视垂手而立。中年人抱拳作礼，一言不发，转身下山去了。此时大家才一拥而上，围住师祖检查他是否受伤，见师祖无恙才放下心来。

事后，大家都想知道比武时发生了什么，师祖笑而不谈，师叔伯们也不好强问，也就作罢。只有小和尚等徒孙辈的，算定师祖不忍责罚，没个大小，缠着师祖刨根问底。师祖被缠得没法，就开口了："其实他也算得上是一个难得的高手，只不过太重输赢，重输赢，心就有所挂碍，有挂碍势必影响出招的速度，慢了半拍，所以……"

无论做什么事情，太看重输赢成败，顾前思后，势必影响行动的速度，等到想明白了，出招了，却发现慢了半拍，先机已失，后悔莫及。输赢，不光影响一个人的速度和行动，更会影响到原本安宁的内心。

平日里遇事不要盘算太多，要顺其自然，该是自己的终会得到。也不要过于计较别人的评价；还要懂得克制自己，完善性格，提高对变化的适应能力。心平气和地面对输赢，才能不被输赢所役。

古人云："不为轩冕肆志，不为穷约趋俗，其乐彼与此同，故无忧而已矣。"也就是说，最大的荣誉就是没有荣誉，最大的名利就是忘记名利。放下输赢心，才能真正地赢，才能不被外物所束缚，远离现实生活中的各种陷阱。

第五章　调气忍性，化生气为争气

忍是常胜之道，是一生的修行

在佛教宗义中，忍是一种修行，分为三个层次，即生忍、法忍、无生法忍。所谓“生忍”，即是忍世间众生的嗔骂、毁辱。所谓“法忍”，就是忍受一切寒热、风雨、饥渴、生老病死。所谓“无生法忍”是指对于时间上的生老病死、忧悲苦恼、功名利禄、人情冷暖等，不但不为所动，而且能真正地认知、处理、化解和消除。

我们平时所说的“忍”指的是能够克服各种欲望，使自己的心态平和，从而获得心灵上的自在，安度一切困境。忍耐是成就人生的必要因素，学会忍耐能让一个人在清净沉寂中体会到生命的价值。人要想获得成功，必须要学会忍耐。忍耐也是一生的修行，缺少一颗忍耐之心常常使人在面对阻碍和分歧时产生情绪上的波动，最终导致事情难以圆满解决。忍耐可以作为一种保全人生的谋略，它是人生的延长线，就像一场战斗中的防御或撤退一样，是保证最终胜利的重要因素。

李忱是唐宪宗的第十三子，长庆中期被封为光王。其母亲并非一个有身份地位的妃子，作为当时叛臣的罪奴进宫，邂逅了当朝皇帝，生下了李忱，可惜在李忱年幼之时，宪宗已被宦官暗杀了。

公元 820 年，李恒（李忱之兄）被宦官扶上皇位，史称唐穆宗，4 年后唐穆宗病逝，其子敬宗李湛接任，但他只活到 18 岁，驾崩后由其弟文宗李昂、武宗李炎相继接帝位。

长达20年的光阴里，李忱的地位微妙又尴尬，他醉心黄老之道，韬光养晦，装傻弄痴。他为人低调，但光王的特殊身份，还是逃避不了侄儿们的猜忌、排斥、打压的命运。文宗、武宗两位皇帝对他更是心存芥蒂，非但不以礼相待，还处心积虑地迫害他。唐武宗登基时，李忱为避免惹祸上身，以“寻请为僧，行游江表间”为由，远离是非之地。李忱当时做出这一抉择，当属守愚藏拙、达权知变的明智之举。流落底层，阅尽沧桑，也为他将来修成大器提供了难得的机会。

李忱虽隐居于与世隔绝的深山之中，却没一心向佛，忘却心中之志。他效法孔明抱膝于隆中、太公闲钓于渭水，准备伺机而动。唐武宗统治的期间，他通过秘密渠道不停地打探宫内情况，积极准备夺权活动，以实现“归去宿龙宫”的夙愿。

公元846年，深谙权谋、忍辱负重的李忱终于在太监们的拥戴下，从侄儿手中夺过大位，成为唐宣宗，时年37岁。由于他长期生活于民间，阅世读人，深谙民生疾苦，故躬行节俭，虚怀纳谏，颇有作为。后世把唐宣宗统治时期称为“大中之治”。

李忱能够忍别人所不能忍，最终厚积薄发，摆脱了原先遭遇的困境，实现了自己的目标。可见，要想成大事，关键在于一个“忍”字，除了忍受外部的困苦之外，还要忍受自己内心的孤独、空虚和寂寞。在做事业的过程中，可能会遭遇来自他人的阻碍、侮辱、轻视、毁谤，也可能遇到很多难以想象的困难，面对这一切，除了“忍”，没有别的办法。如果一味地任情绪爆发，困难当前时，撒手不干，或者一味抱怨命运的不公，最终就很可能一事无成。人生要耐得住寂寞，经得起忍耐，才能实现梦想。

忍一忍，欢喜别人，放过自己

“忍”字头上一把刀，这说的是忍耐的难处和痛苦。其实，反过来想一想，如果不忍耐，对自己的性子和脾气放任不管，也一样会使别人和自己感到痛苦。不顺心的时候、生气的时候，若不克制自己的情绪，就很容易出口伤人，使双方关系僵化。在与人相处的过程中，应该试着做到能忍则忍，学会调节、控制自己的情绪，不要总是在意着别人的冒犯，让心中充满怨气，甚至是憎恶。忍一忍，不计较，忘记相处过程中不愉快的小插曲，既欢喜了别人，也放过了自己。

有句话说得好：“人无完人，孰能无过？过而能改，善莫大焉。”我们不是圣人，谁都会犯错，只要不是一些原则性的大错，我们就没有必要太过计较，没必要因为一些鸡毛蒜皮的小事而生气烦心。

西汉宣帝时的丞相叫丙吉，他的车夫很爱喝酒，醉酒之后经常有不检点的行为。有一次，此车夫酒后为丙吉驾车，结果呕吐不止，弄脏了车子。丞相的属官为此骂了车夫一顿，并请示丙吉将此人撵走。丙吉说：‘没必要！他本是一个不错的驭手，如果因酗酒的过失被撵走了，那谁还会再雇用他呢！叫他以后咋办？容忍了吧，况且，只不过弄脏了车垫子而已。”于是继续让他驾车。

一次车夫外出，恰巧碰上从边境往京城送急件的使者，车夫就跟随至皇宫正门负责警卫的公车令那里打听，知道匈奴侵犯云中郡和代郡等地。他马上赶回相府，将情况报告给丙吉，并建言道：“只怕在匈奴进犯的边境，有一些太守和长吏已经年老有病，难以应对带兵打仗之事，丞相是否事先查探一番，也好临事有个措施。”丙吉听了，觉得车夫的想法很对，于是叫来属吏有司，叫他们立即统计边境官员情况。

不久，汉宣帝召见丞相和御史大夫，询问遭匈奴侵犯的边境地区的守将情况，丙吉对答如流，而御史大夫仓促间怎能回答得出，皇帝见他们那副不发一言的窘态，大为恼火，狠狠对他们加以责备，对丙吉则大加赞扬，称赞他能时时忧虑边境事务，忠于职责。只是，皇帝哪知道这全是车夫提醒的功劳啊！

丙吉因为容忍了车夫一些小的过错，从而在边防问题上获得了大利，这看似是一种幸运，但是，不得不说正是丙吉对车夫缺点的容忍，使他同时从车夫的长处中得到了回报。

容忍别人的小过失，别人必将以自己的一技之长来作为报答。有时候，忍一忍便会少一个敌人多一个朋友。一个心胸豁达、懂得忍让的人能够获得更多人的青睐和支持，更容易铸就辉煌的事业。而心胸狭窄、不懂得忍让的人，只会被人们疏远，失道寡助。

能够容忍别人的小过错，便是在气量上得到了释放，让自己从鸡毛蒜皮的小事当中解脱出来，心胸就会变得更加宽广，心情就会变得更加愉悦。学会调节自己的情绪，容忍别人的小过错和小毛病，给别人一次重新改过的机会，在获得别人尊重的同时，也是放过了自己，让自己避免因脾气爆发而带来的身心伤害。

欲做诸佛龙象，先做众生牛马

年长的人经常说“吃得苦中苦，方为人上人”。想要获得成功，就要经受住人生的历练，通过自己的勤劳苦作、坚忍拼搏来突破一路上的困境。苦难对于人生的意义可以一分为二地看，有的人将生活带来的艰难困苦当作锻炼和考验自己的机会，所以能够从苦难之中看到积极的一面；有的人将困难视作人生的不幸，痛恨世道的不公，在怨天尤人的哀叹声中渐渐地消沉下去，从而断送了自己的前程。

欲做诸佛龙象，必先做众生牛马，只有经受过人生磨炼的人，才可被称为真正的人上人。

一位禅师虽是寺中的首座，但每天他都要打水、生火、烧菜、煮饭。除了做那些粗活，他还要承担寺里僧众的衣食住行，他毫无怨言，天天忙得不亦乐乎。一年，当地大旱，地里颗粒无收，施主给的供养越来越少，加上寺中米粮有限，因此，僧人们常常吃了上顿没下顿，度日如年。

一天，住持出外化缘去了，禅师在厨房诵经念佛。一会儿，禅师发现门外站着几位面黄肌瘦的师兄弟，他们涌进厨房向禅师苦苦哀求："首座，您煮点面汤给大家吃吧！我们都快饿得走不动了。"禅师二话没说，取出柜里储藏的面放进锅里，为大家做了顿香喷喷的油面汤。

没想香面刚做好，住持就从外面回来了，斋堂的众僧听到住持的声音跌跌撞撞地逃散一空。住持直接走进厨房，看到锅里的面后，厉声质问禅师："今日有施主设斋供养吗？"禅师熄灭了灶火，不敢看着住持，低头回答："没有。""那……这锅面从哪里而来？"住持提高了嗓门。禅师直了直腰，看着住持轻声答道："弟子觉得大家近来都吃不好，面黄肌瘦，形容憔悴。怕大家吃不消，我就把贮藏的应急油面煮了，请师父原谅。"住持听完禅师的解释，目光严厉，大声责备道："你倒是好心，盗用寺中的东西来做人情。管钥匙却监守自盗，来人啊！依寺规打他三十大板，逐出寺门！”

禅师受完刑后默默交回钥匙，又想法按原价偿还了寺中用去的油面，默默离开了寺院。但禅师没直接下山，而是在寺外的柴房边找了个角落安顿下来，这样禅师依旧随大家一起上堂听方丈讲法，寺内僧人众多，所以方丈没有发现他的存在。很快禅师在这里度过了半个春秋。这天晚上方丈路过柴房，无意发现了禅师住在这里，就问：“你住在这里多久了？”“半年多了！”“你向寺中交过房钱吗？”“没有。”“没有交钱怎么敢住在这里！这是寺中房产，要住，就去交钱！”听完方丈的话禅师点点头，方丈这才离去。

此后，禅师经常托钵走向市集，为人诵经、化缘，回来后用诵经的收入交付房钱。方丈看到后，满意地点点头。等到禅师的佛法越来越高深时，方丈仙游去了。临走，他放心地把自己的衣钵传给了禅师。

佛陀说：“不吃苦，就不能做佛祖。”故事中的禅师能坚持吃苦，才能通过方丈的考验，成为一个得道的高僧。而自古以来的伟人圣贤，又有哪一个不是从苦难之中慢慢奋斗成功的？佛陀六年的苦行，达摩九年的面壁，这些都为人们所津津乐道的。苦是人生的逆增上缘，它是成事的阻碍，却也是助人成为诸佛龙象的基础。

作恶多端、杀生无数的鸯掘摩，在皈依佛门后，知道自己过去所做的恶业，必定会接受上天的磨难，于是请求佛陀，让他接受身心的考验。他独自前往荒野，霜雪严冻，狂风暴雨，都不能撼动他修行的决心，可以说是“苦人所不能苦，修人所不能修”。

很长时间之后，有一天，佛陀告诉鸯掘摩：“你身为比丘，应该走入社会人群。”听从佛陀的话，鸯掘摩跟其他比丘一样到城里托钵。然而，人们看到他非常厌恶，大人辱骂他，连小孩看了他也纷纷躲避。甚至有人会用石头和砖块扔他，拿棍子打他，但鸯掘摩没有怨言，也不躲避。

有一天，佛陀看到鸯掘摩全身是血，皮肤都青肿了，心疼地说：“过去你造的恶业确实很多，所以得长期接受磨炼。你记住时时把心照顾好，耐心接受这份果报。”

鸯掘摩比丘平静地说：“我过去作恶多端、杀生太多，现在这样是罪有应得。只是我没迷失道心，即使生生世世要接受天下人的身心折磨，我也愿意。”佛陀听了很安慰，赞扬并鼓励他自我觉悟，磨尽一切罪孽。最后，鸯掘摩比丘修成了正果。

鸯掘摩比丘修行的过程是痛苦且艰难的。成佛的事情，同社会上人才成功的道理是一样的，没有坚忍的精神是不可能成功的。你要成为一个高级人才，要想做成一件事情，做成一件大的事情，一定要吃苦耐劳，坚持不懈，只有这样才能成功。一个人，想要成功地做成某事，必然会经历各种各样的波折，而这个过程，就是一个严酷的考验过程，如果不能忍受其中的痛苦，就不会获取成功。

虽然大多数人喜欢品尝生活的甜头，不愿意吃苦，但是人生百态，五味杂全，并非全都能依靠人的意愿去选择。不管酸甜苦辣，都是人生的本味，如果想要耕耘前途，创造未来，不吃一点苦头是不会有作为的。只有拥有忍耐的精神与执着的毅力，才能等来苦尽甘来的那一刻，才能成就大事。

忍一时之辱，求全局之胜

一个拥有远大理想，并且为之坚持不懈的人，要懂得忍辱负重，忍受对手给我们带来的耻辱，这样才能获得全局的胜利。如果在遭受别人的辱骂、羞辱时，不能够忍耐，而是用燃烧的愤怒去回击他们，就很容易因小失大，因自己一时的怒火而失去做事的良机。倘若因为受不了羞辱而罢手不干，那就更是因噎废食、本末倒置了。

在面对屈辱的时候，不妨将其当作激励自己前行的精神食粮。不管别人向我们投来了多么怪异的目光，抛出了多么令人难以忍受的指责和羞辱，我们都要昂着头，勇敢地面对一切，做到“难忍能忍，难行能行”。

月船禅师不仅是一位很有名的禅师，而且还是一位绘画高手。他的画气势磅礴，价钱也贵得出奇。他有一个习惯，就是先收钱再作画。

一天，有位女子请月船禅师作画，禅师问：“能付多少酬劳？”女子回答：“要多少就付多少，但必须在我家当众作画。”

月船禅师答应了跟她前去，原来那女子正在家中宴请。月船禅师当众作画之后，拿酬劳正要离开。那位女子却对客人说：“画家只知道要钱，画虽好，但其中浸透着金钱的污秽，这种画不值得挂在客厅，只能配装饰我的裙子。”说着便将自己一条裙子拿出来，叫月船禅师当众于其上作画。

月船禅师不动声色问道：“你出多少钱？”女子答道：“随便你要。”月船禅师又要了一个高价，然后平心静气地在那女子的裙子上作起画来，作完若无其事地离开。

别人听说此事之后，感到非常诧异，月船禅师衣食无忧，为何如此看重金钱？只要给钱，他好像受任何侮辱都无所谓。原来，月船禅师禅居之地常发生灾荒，富人却不肯出钱赈灾。因此他计划建造一座粮仓，以备不时之需。月船禅师之所以这样，是想完成师父的遗愿——建造一座寺院，他不愿一味地等待他人的布施，只好靠作画筹集资金。等他愿望达成之后，便归隐山林，不再作画。

月船禅师明确地知道自己是为什么而作画，知道自己的行为对别人的意义，因而，即使那位请他作画的女子当众侮辱他，他依然不为所动，只是坚持着自己的理想。也许这是因为月船禅师的修养极好，能够容忍他人对自己的侮辱；也许这是因为他认为自己的行为有意义，因而不在意别人的侮辱。总之，他这么做，无疑是以忍一时的怒气和不快为代价，守住并完成了自己最初的目标。做当做之事，而不去理会做事过程中必然要遭遇的挫败和侮辱，这是做大事之人必须有的气量。

周敬王二十七年（前493），越国被吴国打败，吴王夫差答应了越国的求和，但提出越王勾践夫妇去吴国做人质。为了日后的复国大计，勾践遵照夫差的要求，前往吴国做人质。

到了吴国，勾践住在低矮的石屋里，吃的是糠皮和野菜，穿着连身体都遮挡不住的粗布衣衫，像奴隶一样，任劳任怨地砍柴、洗衣、养猪，无怨无悔。

一天，勾践打听到夫差生病了，就请求太宰伯嚭引荐探望。伯嚭奏请夫差，获得准许，带勾践来至夫差的病榻前。一见到夫差，勾践赶紧伏地跪下，说："听说大王病了，我心中万分焦急，特意奏请前来探望。大王对我恩重如山，我略通一些医术，可为大王诊病，希望得到大王的允许，借此表达我的效忠之心。”正赶上夫差如厕。勾践等人都退至屋外，再回到屋内时，勾践便拿起夫差的粪便，放在嘴里仔细品味。尝后，勾践伏地祝贺：“大王的病即将痊愈了。我刚才尝出大王粪便是苦味，这预示您病情已好转了。”夫差很是感动，当即称自己病好后便送勾践回国。

就是这样，勾践以惊人的毅力和忍耐，忍受过3年的屈辱折磨，尝尽了一个亡国之君的种种酸辛，终得返回故国。

勾践忍辱负重的能力异于常人，并且最后也实现了复国的伟业。忍一时之辱是一种坚持自己理想，不在乎他人非议的勇气。能够忍辱负重的人往往能够愈挫愈勇、百折不挠。这样的人一般抱负远大，拥有志存高远的胸襟，还拥有志在必得的自信。

一般人很少能够遇见像勾践那样的“大辱”，但是“小辱”还是时有发生。比如别人一个轻蔑的眼神、肆意的嘲笑，等等。在面对这些的时候，我们应该做到处乱不惊，不管对方的态度多么咄咄逼人，我们都要时刻做好自己该做的事，保持自己原本的姿态，否则就会陷入对方的陷阱中，最终失去获得成功的机会。

第六章　惜福知足，不生气的活法

惜年惜时，生命就在呼吸间

关于珍惜时间的格言有很多，比如：“时间就是生命，时间就是金钱”。老人们也常会把一句谚语挂在嘴上：一年之计在于春，一日之计在于晨。和永恒的宇宙相比，人的一生，显得异常短暂。

童年的时候，时间在浑然不觉中流逝，那时候的我们总是期盼时间快点过，希望快快长大。青年的时候，便意识到时间的重要性了。人到中年，更加感叹时光易逝，时常有光阴忽已晚，岁月忽已老的感觉。到了老年，这种情绪更浓了，于是在围炉旁，缓缓地对绕在膝前的儿孙说：“珍惜时光。”

不要等到时光流逝后，才觉察到时光的珍贵。珍惜时光就是珍惜生命。珍惜那在一呼一吸间流逝的时光，对每个人来说都是重要的。今天的时光过去了，明日的又是另外一段了，你再也找不回属于今天的时光了。有些事，有些工作，有些理想，就应该趁现在开始做、开始实现，趁着光阴还早，趁着今日还在。

年四个季节，春夏秋冬循环往复。科学研究证明，长寿的人一般也活不过 120 岁，也就是 120 个春秋。这 120 个春秋，和浩瀚的宇宙相比，连沧海一粟都算不上。生命不在于长短，只要我们在这一呼一吸间珍惜时光，寻找生命的意义，便能将生命过得绚烂多彩。

生命究竟是什么？一天，佛祖如来将弟子们叫至法堂前，问道："大家说说，天天托钵乞食，究竟是为什么？"

"世尊，是为了滋养身体，保全性命啊！"弟子们几乎不假思索。

"肉体到底能维持多久？"佛祖接着问。

"众生的生命平均大约有几十年吧。"一个弟子迫不及待地答道。

"你并没明白生命的真相。"佛祖听后摇摇头。

另一个弟子想了想又说："人的生命在春夏秋冬之中，春夏生发，秋冬凋零。"

佛祖还是笑着摇摇头："你体悟到了生命的短暂，但只是看到生命的表象而已。"

"世尊，我想起来了，人的生命在于饮食，所以才要托钵乞食！"又一个弟子一脸欣喜。

"不对，不对。人活着不只是为了乞食！"佛祖还是加以否定。

弟子们面面相觑，一脸茫然，又都在思考另外的答案。一个烧火的小弟子怯生生地说道："人的生命恐怕是在一呼一吸之间吧！"佛祖听后，点头微笑。

所有的弟子的回答都是正确的，但是诚如佛祖所说，他们只是看到生命的表象而已。那个烧火的小弟子最聪明——生命确实只在一呼一吸中。生命是个不可计算的量词，我们所活的时日就是我们的一生，所以我们总是贪心地希望自己能活得更长一些。可是谁都改变不了生命的长度。

不珍惜时光的人虚掷光阴，等到生命的尽头，空留一腔悔恨在心间。珍惜时光，珍惜一呼一吸的时光的人则利用短短的一生，或创造富可敌国的财富，或立下汗马功劳，或著作等身。他们虽然也没有改变生命的长度，但是改变了生命的宽度。

不因缺憾而伤怀，珍惜身边的风景

几百年前，大文豪苏轼月下思人，吟出“人有悲欢离合，月有阴晴圆缺”的诗句，道出一番豁达清醒的思索：世间人事并非完美无缺。中国有个成语叫“十全十美”，但终究没有人或事物当得起这四个字，人们更多的是在残缺中追求十分的意义。

海伦·凯勒是美国著名的盲聋女作家，很难想象，一个失去了听觉和视觉的人，是如何长大、写作的。可是她在缺憾面前，以柔软的内心感受生活的美好，珍惜一切可以感受到的风景，写出了《假如给我三天光明》这样感动人心的文字。

缺憾并不意味着生命的绝境，只要还拥有对生活的热情，就可以将人生过得美丽。著名的作家林清玄曾为友人题了一幅笔墨：“常想一二”。友人问何故写这四字，他说：“人生不如意事十之八九，常想一二吧。”人生总会有各种各样的缺憾，不如学学林清玄的豁达，经常想想身边美好的事，珍惜那些我们路过的美好风景，这样一来，缺憾也就不会那么令人难以忍耐了。

西方有句谚语：人人都是被上帝咬了一口的苹果，只是有些苹果上帝咬的那一口大了一些。生活很公平，在一处有了缺憾，它必然会在另一方面补给你。有些艺术家失去了双臂，却用脚创作出了更为独特的作品；有些人经过许多苦难，反而愈发温厚，智慧越发深沉，能将人生过得更有滋味。

作家刘墉有一位朋友，单身了半辈子，快50岁时，突然结了婚，新娘竟跟他年龄差不多，徐娘半老，风韵犹存。朋友们都窃窃私语：“据说那女人以前曾是个演员，嫁过两任丈夫都离了婚，现在已经不红了，他捡了个剩货。”这话传到了刘墉朋友耳朵里。

一天，朋友跟刘墉出去，边开车边笑道：“我这个人，年轻时就盼着开上奔驰，没钱买不起。现在这个年纪呀，还是买不起，买了辆二手车。”朋友开的确实是辆老车，刘墉左右看着说：“二手？看来很好哇！马力也足。”

“是啊！”朋友大笑起来，“旧车有何不好？就比如我太太，前面嫁过四川人，又嫁过上海人，演艺圈混了20多年，大大小小的场面见多了。现在，人老了，收了心，没了以前的娇气、浮华之气，却做得一手的四川菜、上海菜，又懂布置家。说实在的，她真正的完美，反而被我遇上了。”

“你说得真有道理。”刘墉说，“别人不说，我真没看出来，她竟然是当年的那位明星。”

“是啊！”他操作着方向盘，“其实考虑一下自己，我又完美吗？还不是千疮百孔，有过如许往事、比较多荒唐事。正因我们都已经走过了这些，所以两个都比较成熟了，都知道让，懂得忍，这不完美正是一种完美啊！……”

世间没有十全十美，可是有九全十美，或者八全十美。刘墉先生的这则故事正是道出了这样的道理，正是因为两人的这些不完美，造就了真正的完美。

其实，这样的“不完美”造就的“完美”，生活中我们见到的很多。只是，当事情发生在自己身上时，我们总是不自觉地会去在意那缺掉的一角，为缺憾而顿足、叹惋。于是，有太多美好的风景就被我们轻易地放走了，当我们低头忙着历数生命的遗憾时，它们早已从我们的身边溜过，成为我们生命中另一份错失了的遗憾。

不因缺憾伤怀的人，总是会更加珍惜已有的，哪怕只是路边转瞬即逝的风景。在这个世界上，没有任何人是完美无缺的，有缺憾的人生才完整。因为有这些缺憾，我们才会在幸福来临的时候更加珍惜，才会更努力地创造幸福，才会有悲天悯人的情怀。诗人顾城说："黑夜给了我黑色的眼睛，我却用它来寻找光明。"人生的确有缺憾，但我们完全可以把人生的缺憾化作对美的追求，且行且珍惜。

幸福趁现在，何必去预支明天的烦恼

人生要懂得不预支明天的烦恼，认真地过好今天比什么都重要。生活中总会有各种纷繁复杂的烦恼，无可避免，也没有办法完全根除。区别只在于，有些人认真地烦恼着眼前的事，有些人则为了遥远而不可知的未来而忧心、恐慌、惧怕。无论哪一种，都阻绝了幸福的来临。为眼前事而烦恼尚且情有可原，为了未知的事而烦恼则完全是杞人忧天，除了浪费时日和精力之外，没有任何好处。

我们没有必要将还未发生的事过分放在心上，没有必要为明天的事而发愁。庸人都在杞人忧天、慌不择路，只有智者执着于眼前，妄念不生地对待纷扰。人活在当下，不应该用未来的烦恼来惩罚自己，而应舍弃未来的忧思，顺其自然地生活。

杞国有个人胆子很小，还有点神经质，他经常会想一些奇怪的问题，让人莫名其妙。

一天，他吃完晚饭以后，拿着一把大蒲扇，坐于门前乘凉，并且自说自话地说："如果有一天，天塌了，该怎么办呢？我们岂不无路可逃，将被活活压死，这不太冤枉了吗？"

从此，他几乎天天为此事发愁、烦恼。朋友见他精神恍惚，脸色憔悴，都很为他担心。但是，当大家听说原因后，都跑来劝他："老兄啊！何必为此自寻烦恼呢？天怎会塌下来呢？再说即使塌下来，那也不是你一人忧虑发愁就能解决的啊，想开点吧！"

可是，无论别人怎么说，他都不相信，仍然钻进牛角尖为这个不必要的问题担忧。

这便是著名的"杞人忧天"的故事。其实烦恼是无缘无故的风，无法保持平静淡定，对任何事都深思不已、纠缠不休的人，心湖就会被烦恼的风掀起波澜。"自寻烦恼"这句成语便是在告诉人们：许多烦心和忧愁都是自己给自己绑的绳索。不停地透支未知的烦恼是对自己心力的无端耗费。总是想着要早一步解决掉明天的烦恼，便无法专注于现在。

从前，有个小和尚，天天早晨都负责清扫寺院里的落叶。

扫落叶实在是一件苦差事，尤其是在秋冬之际，每次起风时，树叶总是随风飞舞落下。

每天早上，都需要花费很多时间才能扫完落叶，这使小和尚头痛不已。他一直在想办法让自己轻松些。

后来，有个和尚告诉他："你明天打扫之前，先用力摇树，把落叶统统摇掉，后天就不用扫落叶了。"

小和尚觉得这个办法很好，隔天，他起了个大早，使劲猛摇树，这样他可以把今天和明天的落叶一次扫干净了。一整天，小和尚都非常开心。

第二天，小和尚走到院子里，不禁傻眼了：院子里一如往日落叶满地。

老和尚这时走过来，对小和尚说："傻孩子，不论你怎么用力，明天的落叶还是会飘下来的。”

小和尚终于明白。世上很多事是没法提前的，只有认真地活在当下，才是最真实的人生。

明天的落叶，不能在今天捡拾。明天的烦恼今天也无法解决。所以佛家说，有一天的时间就好好修一天，有两天时间就好好修两天，不要想明天如何修，明天是否能修成。想明天，就会有烦恼，心性就会乱。每一天都有每一天的人生功课要交，努力做好今天的功课才是最重要的事。也只有好好地把握今天，才有可能掌握明天，掌握自己的未来。

不要为旧的悲伤，浪费新的眼泪

很多时候，我们无法摆脱过去，无法从痛苦忧伤的情绪中走出来，是因为我们容易走回头路，心心念念已经走过的路途上，不能遗忘过去。往事压心头，百折千回。就好像刚刚学会走路的小孩，两条腿总习惯于往后倒转，结果很长时间都不能向前迈开一步，只能由大人牵着向前蹒跚而行。

较之将心思放在现在，人们更习惯将自己的思绪回拨到从前的时光。那里可能有人生的挫折，有情感的失败，有物是人非的感叹，所有过往人生里的悲伤和痛苦都在那里，烙印鲜明，难以抹去，所以我们往往沉溺其间而不能解脱。

一位商人整日因自己生意失败而苦恼。这个商人梦到了佛祖，便向佛祖询问自己生意为什么失败。佛祖并没告诉他原因，而是对他说：“你的心已蒙上了尘埃。”

商人使劲擦拭着自己的内心，但佛祖摇摇头说：“你擦不掉，因为尘埃是你自己蒙上的，你越擦越多。”

商人把心割下来，呈给佛祖。佛祖说：“虽然你把心剥去，但尘埃还在。”

商人无语，眼前一片茫然。

佛祖言道：“境由心生，缘由因起。心蒙尘埃在于你自己。”

商人不解，请求佛祖开示。

佛祖说道：“你心中只有风沙没有绿树，所以无论如何擦拭都不会让尘埃消失，你应该在心里种上绿树，天天浇灌，方可闻清新之气，心中尘埃方能彻底清除，佛语有云：‘路已在身后，灵山自不远’。”

用佛家话说，解脱就是“自度”，“路已在身后，灵山自不远”正是一种“自度”之道。走过的路已经留在身后，如果想早些抵达目的地，唯有不停地向前。“向前”是将业已发生的过往当成一种推力，而非执着。

一味地为过去的事情悲伤悔恨，会错过眼下更多的机遇和美好。人的全部意义就在于两只脚踏在此时此刻的土地上，那些无法改变的过去就让他随风而逝，不要为了旧的悲伤浪费新的眼泪。

放开过去，既是一种潇洒的人生姿态，也是自信力的表现。不管过去发生过什么，是大幸还是大悲，是时光的激荡抑或岁月的捉弄，都已然成为可被诉说却不易追回的过往，我们只能当作经验来总结，而不能作为绳索将自己捆绑。这就像我们爬山，如果总是向后张望前一小时走了多少路，前半小时翻过了几道岭，那么爬山不仅不会成为一件有益于身心的快乐运动，反而会成为一段痛苦煎熬的过程。爬到最后，你欣赏到的恐怕不是山顶上瑰丽的风景，而是自己沉重的喘息和疲倦的心灵。

所以，人生重在眺望，而非回望。如果你总是因为昨天错过今天，那么在不远的将来，你又会回忆着今天的错过。在这样的恶性循环中，你永远是一个迟到的人。与其如此，不如积极地参与现实生活，直面当下。

幸福就在你的脚下

佛家说，禅就是生活。真正的禅不一定要去深山、古刹，而应当在日常生活中，在衣食住行中，甚至在洗碗、扫地、吃饭、睡觉中都有禅。

龙潭当年崇信禅师，曾随天皇道悟禅师出家，几年之中，打柴炊爨，挑水做羹，不曾得到禅师一句半语的法要。终有一天，他向师父说："师父！弟子跟您出家以来，已多年了。可一次也不曾得到您的开示，师父慈悲，传授弟子修道的法要吧！"

师傅只是淡淡地说："吃过早粥了吗？"

崇信说："吃过了。"

师父接着又问："钵盂洗净了吗？"

崇信说："洗净了。"

师父于是说："去扫地吧。"

崇信疑惑地问："难道除洗碗、扫地，师父就没别的禅法教给我了吗？"

师父厉声说："我不知道除了洗碗、扫地之外，还有什么禅法！"

崇信禅师听了，当下顿悟。

在佛家看来，生活中无处不蕴藏无限的禅机。吃了粥去洗钵盂，是很平常、也很自然的事。然而，这样一个简单的洗钵盂的举动，却像正中靶心的箭矢一样，无限地接近了修禅之道。

幸福也是一样。它就在生活的每一件小事中，就在你的身边，只要你伸出手掌去把握它，用心灵去感受它，你就是一个幸福的人。

有人说，寻找幸福的人就像在登山。有的人以为人生最大的幸福在山顶，于是气喘吁吁、穷尽一生去攀登。最终却发现，幸福这座山，原本就没有顶、没有尽头；另一种人并不刻意登到哪里，一路上走走停停，沿途的美景是他们的最大收获，心灵也在这种放松的行走中得到满足。虽然可能没有大的成就，但是也有自在自得的幸福感充盈着整个生命。

其实幸福并非遥远的幻觉，它就在我们脚下。

给恋人一句甜言蜜语；给家人一个电话；给周围的人一个微笑。生活中当你口渴时，有人默默地为你递上一杯水；当你生病时，有人关心你；当你伤心时，有人安慰你、鼓励你；当你成功时，有人为你真心高兴；有亲朋好友在身边，衣暖食足……幸福，并非总是突如其来的重大事件，它其实更多地存在于点滴之中，存在于构成我们日常生活的每个细节中。我们的每一分钟都不曾与幸福的细节疏远。

幸福是人们希望永久不变的一种境界。如果我们的肉体与精神所处的一种境界能使我们想，“我愿一切都如此永存下去”，或像浮士德对“瞬间”所说的“哟！留着吧，你，你是如此美妙”，那么我们无疑是幸福的。

幸福就是这样的一种感觉，只要你懂得用心去生活，无论多么平凡，你都能收获幸福。

中篇

不抱怨的世界

第一章　别让抱怨摧毁了你的生活

抱怨是世上最没价值的语言

今天抱怨这个，明天抱怨那个，仿佛一刻不说抱怨的话，我们就感受不到心理平衡。可是只是一味地去抱怨自身的处境，对于改善处境没有丝毫益处。只有先静下心来分析自己，并下定决心去改变它，付诸行动，它才能向你所希望的方向发展。一分耕耘一分收获，不要奢望在抱怨或感叹中取得进步，事情的进展是你的行为直接作用的结果。事在人为，只要你努力去争取，梦想终能成真。

画家列宾和他的朋友在雪后去散步，他的朋友瞥见路边有一片污渍——这显然是狗留下来的尿迹，就顺便用靴尖挑起雪和泥土把它覆盖了，没想到列宾发现后却生气了，他说："几天来，我总是到这来欣赏这一片美丽的琥珀色。"在生活中，当我们老是埋怨别人给我们带来不快，或抱怨生活不如意时，想想那片狗留下的尿迹，其实，它是"污渍"，还是"一片美丽的琥珀色"，都取决于你自己的心态。

不要抱怨你的工作不好；不要抱怨你住在破宿舍里；不要抱怨你的男人穷或你的女人丑；不要抱怨你没有一个好爸爸；不要抱怨你空怀一身绝技却没人赏识你。现实中有太多的不如意，就算生活给你的是垃圾，你同样能把垃圾踩在脚底下，登上世界之巅。

孔雀向王后朱诺抱怨。她说："王后陛下，我不是无理取闹来诉说，您赐给我的歌喉，没有任何人喜欢听，可您看那黄莺小精灵，唱出的歌声音婉转，它独占春光，风头出尽。”朱诺听到如此言语，严厉地批评道：“你赶紧住嘴，嫉妒的鸟儿，你看你脖子四周，如一条七彩丝带。当你行走时，舒展的华丽羽毛，出现在人们面前，就好像色彩斑斓的珠宝。你是如此美丽，你难道好意思去嫉妒黄莺的歌声吗？和你相比，这世界上没有任何一种鸟能像你这样受到别人的喜爱。一种动物不可能具备世界上所有动物的优点，我们赐给大家不同的天赋，有的天生长得高大威猛；有的如鹰一样的勇敢，鹊一样的敏捷；乌鸦则可以预告未来之声。大家彼此相融，各司其职。所以我奉劝你消除抱怨，不然的话，作为惩罚，你将失去你美丽的羽毛。”

抱怨对事情没有一点帮助，与其不停地抱怨，不如把力气用于行动。

抱怨的人不见得不善良，但通常不受欢迎。抱怨的人认为自己经历了世上最大的不平。但他忘记了听他抱怨的人也可能同样经历了这些，只是心态不同，感受不同。

宽容地讲，抱怨实属人之常情。然而抱怨之所以不可取在于：抱怨等于往自己的鞋里倒水，只会使以后的路更难走。抱怨的人在抱怨之后不仅让别人感到难过，自己的心情也往往更糟，心头的怨气不但没有减少，反而更多了。常言道：放下就是快乐。与其抱怨，不如将其放下，用超然豁达的心态去面对一切，这样迎来的将是另一番新的景象。

天下有很多东西是毫无价值的，抱怨就是其中一种。

别把抱怨当成习惯

从前，有一个小国，连匹马都没有。此国的国王非常担忧，他决心花重金四处购买骏马。

不久，被派的人买来了500匹高大的骏马。国王见了，心中非常欢喜，立即命令对这些骏马加以训练。当500匹骏马被训练得能冲锋陷阵时，邻国与他建立了邦交，互通使节，表现得非常和气。

国王以为这回可以高枕无忧了。

和平的日子一直持续了好几年。国王看见这500匹骏马一直坐吃山空，养马的经费确实为数不少，不禁又发愁起来。后来，他想出一个主意，“何不把这些马送去从事生产劳作呢？不仅减少了开支，还能增加国家的财政收入，真是两全其美！”于是，他下令把这500匹骏马牵到磨房去磨米。

这500匹骏马每天被工人们用布蒙住眼睛，又用鞭子抽打，逼着它们拉石磨旋转。起初，马非常不习惯，横竖乱窜，后来，这500匹骏马慢慢被驯服了，拉磨已经习以为常。

国王得知这些情况，笑道：“这些马既能保国，又能生产，真是一举两得啊！”

不久，邻国突然进兵侵入国境。国王即刻下令召集500匹骏马应战。国王亲自领兵，向战场进发。

到了战场，两军交锋，国王的500匹战马虽很壮硕，但平常已习惯了拉磨，和敌军交战也在不断地旋转着。骑兵着急地提鞭抽打，没想到越抽打，马旋转得越快。敌军大喜，遂驱军直进，横冲直撞、长驱直入，国王的兵马被杀得人仰马翻，落荒而逃。

在生活中，不如意的事情时有发生，你是否也是经常地抱怨呢？记住：不要让抱怨成为习惯，否则，就会像那些习惯了拉磨的战马一样，陷入了抱怨的轮回。

有这么一个寓言故事：

一天，素有“森林之王”的狮子，来到了天神面前：“我很感激你赐予我如此威武的体格，拥有强大无比的力气，让我有充足的能力来统治这片森林。”

天神听了，微笑着问：“但这不是你来找我的目的吧？看起来你好像为某事而困扰呢！”

狮子轻吼了一声，说：“天神你真是了解我啊！今天我的确有事相求。尽管我的能力很强，但每天鸡鸣时，我总会被鸡鸣声吓醒。祈求您，赐予我力量，让我不再被鸡鸣吓醒吧！”

天神笑道：“你去找大象，它会给你一个满意的答复。”

狮子兴冲冲地跑至湖边找大象，还没见到，就听见大象跺脚所发出的“砰砰”声。

狮子加速跑向大象，却看到大象正气呼呼地直跺脚。

狮子问大象：“你为何发这么大的脾气？”

大象拼命摇晃耳朵，吼着：“有只讨厌的小蚊子，总是钻进我的耳朵，害我快痒死了。”

狮子离开大象，心里暗自思忖：“体型这么巨大的大象，也会怕那么瘦小的蚊子，我还有什么好抱怨的呢？鸡鸣毕竟也不过一天一次，而蚊子无时无刻不在骚扰着大象。这样想来，我比他幸运多了。”

狮子边走边回头看着在跺脚的大象，心想：“天神要我来看大象的情况，应该是想告诉我，谁都会遇上麻烦事，他没法帮助所有人。既然如此，那我只好靠自己了！以后只要鸡鸣，我就当作是提醒我该起床了，如此一想，鸡鸣声对我还算有益处呢！”

不言而喻，如果我们稍微遇上一些不顺心的事，就习惯性地抱怨老天亏待我们，那么我们将错失许多美好的机会。有时候自己觉得对生活不满的时候，看看别人，或者让自己换一种心态，你就会看到不一样的人生。

在逆境中抱怨，等于遗弃幸运

人的一生中，随时都会碰到困难和险境，如果我们仅仅盯着这些困难，看到的只会是绝望。在人生路途上，谁都会遭遇逆境，逆境是生活的一部分。逆境充满荆棘，却也蕴藏着成功的机遇。只要勇敢面对，就一定能从布满荆棘的路途中走出一条阳光大道。正如培根所说："奇迹多是在厄运中出现的。"其实，我们不应该抱怨逆境，因为抱怨逆境无疑是在遗弃幸运。想成为一名生活的强者，就要勇敢地向逆境宣战，像一名真正的水手那样投入生命的浪潮。

道本虽然不会写自己的名字，在大阪的一所中学却当了几十年的校工。工资不多，但他很满足命运为他安排的一切。他快退休时，新上任的校长以他"连字都不识，却在校园工作，太不可思议了"为由，将他辞退了。

道本离开了校园。尽管恋恋不舍，但还是像往常一样，为自己的晚餐买半磅香肠，快到食品店时，他想起食品店已关门多日了。不巧的是，附近街区竟没第二家卖香肠的。忽然，一个念头在他脑海中闪过——为何我不开家专卖香肠的小店呢？他拿出自己那点微薄积蓄开了一家食品店，专门卖起香肠来。

因为道本灵活多变的经营，10年后，他成了一家熟食加工公司的总裁，他的香肠连锁店遍及大阪的大街小巷，产、供、销"一条龙"服务，而且颇负盛名的道本香肠技术学校也应运而生。

某日，当辞退他的校长获知这位著名的董事长识字不多时，十分敬佩地称赞他："道本先生，您没受过正规的学校教育，却拥有这么成功的事业，实在太不可思议了。"

道本诚恳地回答："真是感谢您当初辞退了我，从那时起我才意识到自己还能干更多的事情。不然，现在的人肯定是一位靠一点退休金过日子的校工。"

正如道本一样，成功者首先是从逆境中崛起的。逆境可以锻炼一个人的品格，也可以激发一个人向上发展的勇气和潜力。在逆境中，被逼得无路可退、无路可走时，人们往往会在最后的时刻想出办法来自救，无形之中反而促成了人生的辉煌。所以，我们应该感谢逆境和难题，感谢其中所孕育的成功。

任何人都会或多或少遇到或大或小的坎坷颠簸，也都有不顺的时候，这是很正常的，无须悲伤，无须抱怨，更不能绝望。世上没有绝望的处境，只有对处境绝望的人。只要勇敢面对，世界上没有过不去的坎。

在我们陷入逆境时，一味地埋怨和诅咒是无济于事的，那只会让我们变得更加沮丧、更加绝望。与其苦苦等待，不如点燃自己手中仅有的"火种"和希望，去战胜黑暗，摆脱困境，为自己创造一个光明的前程。

在灰色的逆境中，不要让冷酷的命运窃喜，命运既然敢来凌辱我们，我们就应该用泰然处之的态度予以报复。命运从来不相信抱怨，只相信与之相抗争的人。强者就是在面对并克服那些像潮流一样涌来的逆境时，不会放过"往上爬"的机会，因为他们经历过了太多的逆境。在现实中，我们看到许多成功者都来自于不利的环境，但他们总能够从被逆境淹没的世界中勇敢地走出来。

怨天尤人不如改变心态

电视剧《好想好想谈恋爱》中有这样一段，女主人公谭艾琳和男朋友伍岳峰分手之后，巨大的伤痛让她几乎崩溃，她将自己所有的情绪都用来抱怨：

“你现在打死伍岳峰，他也不会明白，其实最受损失的是他。我是他生命中唯一的一次爱情机会，他错失了。他以为他的天底下有几个谭艾琳？他真是有眼无珠，这就叫过了这村就没这店了，他肠子都得悔青了。”

“有的男人对我来说重如泰山，有的轻如鸿毛。伍岳峰就是鸿毛。我像扔个酒瓶似的把他彻底打碎了，他根本不懂女人，离开他是我的幸运和解脱。他将永远处处碰壁，对！碰壁！而我经过历练，炉火纯青。他完蛋了，他会一蹶不振，追悔莫及。”

诸如此类的抱怨，她几乎如同潮水一样的倾倒给了自己所有的朋友，直到有一天，朋友实在忍受不住她的抱怨：“你已经唠叨了一个星期了。说实话我听得已经有点儿头晕耳鸣了，再听下去我会疯掉的。”于是，在之后的日子中，同样失恋的男人章月明向她倾诉起了自己的不幸，在章月明的不断抱怨中，谭艾琳渐渐开始沉默，直到有一天她也听够了，大喊道：“别说了，太无聊了，一个男人或一个女人一辈子愤怒的是爱情，谩骂的是爱情、得意的是爱情、沮丧的还是爱情，一辈子就忙活爱情吗？你别再跟我唠叨了，我受够了。别人没有义务承担你感情的后果，这是你自己应该解决的问题，你爱一个人就是愿打愿挨的事，没有人逼你，知道吗？敢做就得敢当。”

的确，就像谭艾琳那样，当自己不断地抱怨的时候，她已经成为别人眼中的怨妇，可是她自己毫无所觉，当看到另一个人如同自己一样整天抱怨的时候，这时候才突然觉醒，原来自己竟是如此可怜、可悲！在别人的事情中看到了自己的影子，也可能会突然觉得，如此的抱怨是多么可笑不堪。

生活中，我们常常以为，自己通过抱怨可以博得别人的同情，但就像鲁迅笔下的祥林嫂一样，不幸的事情在别人的耳朵里已经长茧，当初的同情也可能化成嘲笑，化成别人茶余饭后的笑柄。而对于我们每一个人来说，遇到不幸的事情，抱怨根本不能让失去的东西重新得到，反而更加影响自己的生活，失去的越来越多。

当一个人开始抱怨的时候，他能想到的只是自己当初如何的不幸，才造成如今的结果，越想越伤心，越想越生气，当这种情绪不断蔓延的时候，根本没有心情去做别的事情。比如你抱怨自己的生活条件不佳，但这不仅不能对改善你的生活起到任何作用，反而丧失了更多的机会和条件，如果将抱怨的时间用来努力想办法改善自己的生活条件的话，那么很可能当初和自己条件相当的人在一起之后仍然在抱怨，而自己已经在咖啡厅里悠闲地欣赏高雅的乐曲了。所以说抱怨远远不如调整好自己的状态，努力地去改变现状，这样才更容易使自己摆脱困境。

虽然有时候我们常常会因为遇到了困难而暴躁不安，可是苦难不会因为你的暴躁而消失。所以，当我们苦闷的时候，可以尝试着放松心情，暗示自己这是很正常的事情，没有什么大不了的。可以适当地倾诉，但是不能将心情一直沉浸在不幸的事情上。充满信心，昂首挺胸的迎接生活的挑战，才是打好胜仗的前提条件。人生处处都有希望，只要你想去做，尽力做，就能做得更好。

停止抱怨，珍惜你所拥有的生活

“事情怎么会这样呢？真是烦人！”“我这次考试没考好，全都怪昨天晚上……”“考试题出成这样，老师根本就是在难为我们。”这是不是你经常挂在嘴边的话？心情不愉快的时候，这些抱怨的话好像不经过大脑就到嘴边了，然后心情就会变得更沮丧。在这样一种精神状态下，不难想象，你犯错误的概率自然要比别人高，许多新的烦恼又在后边等着你，那么你又开始新一轮的抱怨——沮丧——出错——倒霉……

哈佛教授认为，抱怨只是暂时的情绪宣泄，它可以是心灵的麻醉剂，但绝对不是解救心灵的方法。因而，他们经常告诫自己的学生：遇到问题，抱怨是最坏的方法。

罗曼·罗兰说，只有将抱怨环境的心情化为上进的力量，才是成功的保证。也有人说，如果一个人在青少年时就懂得永不抱怨的价值，那实在是一个良好而明智的开端。倘若我们还没修炼到此种境界，就最好记住下面的话：如果事情没有做好，就千万不要为抱怨找借口。

古人云：人生之事，不顺者十之八九，常想一二。这句话的意思是说人活在世上，十件事中有八九件都会使人不顺心，但还是常去想那一两件使人开心的事。每个人都会遇到烦恼，明智的人会一笑了之，因为他们知道，有些事是不可避免的，有些事是无力改变的，有些事情是无法预测的。他们也知道能补救的应该尽力补救，无法改变的就坦然面对，调整好自己的心态去做该做的事情。

一名飞行员在太平洋上独自漂流了20多天才回到陆地。有人问他，在那次历险中他得到的最大教训是什么。他毫不犹豫地说：“那次经历给我的最大教训就是，只要还有饭吃，有水喝，你就不该再抱怨生活。”

人的一生总会遇到各种各样的不幸，但快乐的人不会将这些装在心里，因此他们没有忧虑。所以，快乐是什么？快乐就是珍惜已拥有的一切，知足常乐。

抱怨是什么？抱怨就像用针刺破一个气球一样，让别人和自己一样泄气。

其实，抱怨也属人之常情。“居长安，大不易”，难道不许别人说一说苦闷吗？抱怨的不可取之处在于：你抱怨，等于你往自己的鞋子里倒水，使行路更难。困难是一回事，抱怨是另一回事。抱怨的人认为不是自己无能，而是社会太不公平，就好像是全世界的人合伙来破坏他的成功。如果这样想，那么他们就是把事情的因果关系弄颠倒了。

喜欢抱怨的人在抱怨之后，心情非但没变轻松，反而变得更糟。常言说，放下就是快乐。这也包括放下抱怨，因为它是沉重又无价值的东西。

人们喜欢那些乐观的人，是喜欢他们表现出的超然。生活需要信心、勇气和信仰，而乐观的人都具备这些“必需品”。他们在自己获益的同时，又感染着别人。人们和乐观——包括豁达、坚韧、沉着的人交往，会觉得困难从来不是生活的障碍，而是勇气的陪衬。和乐观的人在一起，自己也就得到了乐观。

抱怨失去的不仅有勇气，还有朋友。谁都不喜欢牢骚满腹的人，谁都怕自己受到传染。失去了勇气和朋友，人生变得很难，所以抱怨的人继续抱怨。他们不知道，人生有许多简单的方法可以快乐地生活，停止抱怨是其中的方法之一。

所以，那些总是抱怨自己不幸的人，不要总是看到你还不曾拥有的东西，要静下心来，放下心灵的负担，仔细品味你已拥有的一切。学会欣赏自己的每一次成功、每一份拥有，你就不难发现，自己竟会有那么多值得别人羡慕的地方；你会发现，幸福之神已在向你频频招手。

第二章　别抱怨，谁的人生没有坎坷

人生没有过不去的坎

一位名人说过："没有永久的幸福，也没有永久的不幸。"尽管在生活中，我们每个人都会遇到各种各样的挫折和不幸，而且有的人要承受的不仅仅是一种磨难，他们受打击的时间可以长达几年、十几年，但是即使让人极度讨厌的厄运也有它的"致命弱点"，那就是，它不会永久存在。

人们在遭受了生活的打击之后，总是习惯抱怨自己的命运不好，抱怨身边没有能够帮忙的朋友，家世也不好，没有可依靠的父母等等。其实抱怨并不能解决问题，当问题发生的时候，我们一定要相信——厄运不久就会远走，转运的一天迟早会到来。

宾夕法尼亚州匹兹堡有一个女人，她已经35岁了，过着平静而舒适的中产阶层的生活。但她曾连遭四重厄运的打击。丈夫在事故中丧生，留下两个小孩。没多久，一个女儿在烤面包时被油脂烫伤了脸，医生告诉她，孩子脸上的伤疤携带终身，为此她伤透了心。她在一家店找了份工作，没过多久，这家商店却倒闭了。丈夫生前给她留下一份小额保险，但她耽误了最后一次保费的续交时间，因此保险公司拒绝支付保费。

一连串不幸事件后，女人几乎绝望。她冥思苦想，为自救，她决定再做一次努力，尽力去拿到保险补偿。此前，她一直和保险公司下级员工打交道。当她面见经理时，一位接待员告诉她，经理出去了。站在办公室门口她无所适从，就在此时，接待员离开了办公桌。机会来了。她径直走进里面的办公室，结果，经理独自一人就在那里。经理很有礼貌地问候了她。受了鼓励，她沉着镇静地讲述了索赔时遇到的难题。经理派人取来她的档案，经再三衡量，决定应当诚信为本，给予赔偿，虽然从法律上讲，公司没有承担赔偿的义务。工作人员按照经理的指示，为她办理了赔偿手续。

由此引发的好运并没至此中止。经理尚未婚配，对这个丧偶女人一见倾心。他给她打了电话，几星期后，他为女人推荐了一名医生，医生为她的女儿治好了病，脸上的伤疤被美容去除，经理通过在一家大百货公司工作的朋友给女人找了一份工作，比起以前那份工作简直好太多了。之后，经理向她求婚。几个月后，他们结为夫妻，婚姻生活非常美满。

这个故事很好地阐释了“厄运”的寿命，厄运不会一直存在于我们的生活里，即使现在深陷困境，也会在不久之后就等到了厄运的夭折期。

易卜生说：“不因幸运而故步自封，不因厄运而一蹶不振。真正的强者，善于从顺境中找到阴影，从逆境中找到光亮，时时校准自己前进的目标。”

任何时候，都不要因厄运而气馁，要坚信，厄运不会时时伴随你，阴云之后，阳光很快就会来临。

黑暗过后，必是光明

犹太人的意识里永远充满了痛苦的观念和深深的忧患。

当他们生下来的时候，大家不是为他降临人世而高兴，而是为他哭泣。犹太箴言是这样解释的：“孩子出生时我们觉得高兴，有人去世时我们感到悲伤。其实应该反过来才对。因为孩子出生时不知今后的命运如何，而人死时一切功业已盖棺论定。”犹太的先知们认为人的一生分为六个阶段：

1 岁时是国王——家人像扶持国王一样扶持他，对他的关心无微不至。

2 岁的时候是小猪——喜欢在泥巴里面玩耍。

18 岁的时候是小羊——无忧无虑地欢笑、跳跃。

结婚时是驴子——背负着家庭的重担，低头缓行。

中年时是狗——为了养家糊口，不得不摇尾奉承，乞求他人。

老迈时是猴——行为和孩童无异，然而再没有人去关心他了。

纵观人的一生，犹太人认为，困难和不如意占十之七八，而幸福和快乐只占人生的十之二三。既然这样，就不必惧怕痛苦和人生的失意。犹太教的信念告诉他们：“只要不断保持希望的灯火，就不怕无法忍受黑暗。”黑暗过去，就是光明，这是他们存活下来的希望。因此无论环境多么恶劣，他们都不会绝望。只要一息尚存，就要忍耐着生存下去。

来看这样一个真实的故事：

德国纳粹占领东欧时，对犹太人监控得非常残酷。某个小镇上，有一个犹太家庭，全家五口躲在一间仓库的小阁楼上。

每当纳粹巡逻队走进仓库时，他们全家人都得屏声敛气，大气都不敢出。时日一长，他们学会了比手画脚，尝试以动作来交换思想，传达感情。

为了生存，父母和叔叔轮流外出寻觅食物和水。3 个月后的某日，母亲外出寻觅食物未归，听附近的市民说：“你们的母亲被德国兵抓住了。”2 个月后，父亲又一去不返。半年刚过，叔叔刚出门，两个孩子就听见一声枪响。

三个大人相继死去，寻觅食物的重任就落在了姐姐的肩上。当仓库附近一有风吹草动，姐姐就掩住弟弟的嘴巴。姐弟俩相依为命。在1个多月后，姐姐出门寻找食物，便再也没回来。自此，凡听到异样声响，弟弟就会掩住嘴巴。最终，弟弟幸存了下来。

黑暗过后，必是光明——这是犹太人存活下来的信念，也是如今世界上仍有许多犹太人留存下来的真正原因。他们永不绝望，只要一息尚存，就要为希望而忍耐。

苦难和痛苦的观念充满了犹太人的一生。他们经历了惨绝人寰的屠杀，经历了被驱逐、被压迫的生活。他们走到哪里，欺凌和侮辱就跟随他们到哪里；他们四处流浪，衣食没有着落。经历了这一切之后，他们已经不怕任何苦难了。为了生存，他们已经受尽了人间的一切苦难；为了生存，世界上已经没有什么是他们不能做、不敢做的了。因此，只要环境相对稳定，他们千百年的忍耐与顽强就会像火山一样爆发出来，做出让世人称羡的成绩。

或许那也没什么大不了的

如果一个人在46岁的时候，因意外事故被烧得不成人形，四年后又在一次坠机事故中，腰部以下全部瘫痪，他会怎么办？再后来，你能想象他变成百万富翁、受人爱戴的公共演说家、扬扬得意的新郎及成功的企业家吗？你能想象他去泛舟、玩跳伞，在政坛角逐一席之地吗？

米契尔全做到了，甚至有过之而无不及。在经历了两次可怕的意外事故后，他的脸因植皮而变成一块“彩色板”，手指没有了，双腿变得细小，无法行动，只能瘫痪在轮椅上。

意外事故把他全身65%以上的皮肤都烧坏了，为此他动了16次手术。手术后，他无法拿起叉子，无法拨打电话，也无法一个人上厕所。但曾是海军陆战队员的米契尔从不认为他被打败了。他说："我完全可以掌握我自己的人生之船，我可以选择把目前的状况看成倒退或是一个起点。"6个月之后，他又能开飞机了。

米契尔为自己在科罗拉多州买了一幢维多利亚式的房子、一架飞机及一家酒吧。后来他和两个朋友合资开了一家公司，专门生产以木材为燃料的炉子，这家公司后来成了佛蒙特州排名第二的私人公司。在坠机意外发生的4年后，米契尔所开的飞机在起飞时又摔回跑道，把他胸部的12块脊椎骨全压得粉碎，腰部以下永远瘫痪。"我不解的是为何这些事老是发生在我身上，我到底是造了什么孽？要遭到这样的报应？"

但米契尔仍不屈不挠，日夜努力使自己能达到最高限度的独立自主。他被选为科罗拉多州孤峰顶镇的镇长，以保护小镇的美景及环境，使之不因矿产的开采而遭受破坏为主要职责。米契尔后来也竞选了国会议员，他用一句"不只是另一张小白脸"的口号，将自己难看的脸转化成一项有利的资产。

尽管面貌骇人、行动不便，米契尔却坠入爱河，且完成了终身大事，也拿到了公共行政硕士学位，并持续着他的飞行活动、环保运动及公共演说。

米契尔说："我瘫痪之前可以做1万件事，现在我只能做9000件，我可以把注意力放在我无法再做好的1000件事上，或是把目光放在我还能做的9000件事上。告诉大家，我的人生曾遭受过两次重大的挫折，如果我能选择不把挫折拿来当成放弃努力的借口，那么，或许你们也可以用一个新的角度来看待一些一直让你们裹足不前的经历。你可以退一步，想开一点，然后你就有机会说：‘或许那也没什么大不了的。’”

所以，“重要的是你如何看待发生在你身上的事，而不是到底发生了什么”。

人生之路，不如意之事十之八九，一帆风顺者少，曲折坎坷者多，成功是由无数次失败构成的。在追求成功的过程中，需要正确地面对失败。乐观和自我超越就是战胜自卑、走向自信的关键。正如美国通用电气公司创始人沃特所说：“通向成功的路，即把你失败的次数增加一倍。”

若每次失败之后都能有所“领悟”，把每一次失败都当作成功的前奏，那么就能化消极为积极，变自卑为自信。作为一个现代人，应具有直面失败的心理准备。世界充满了成功的机遇，也充满了失败的风险，所以要树立持久心，以不断地提高应付挫折与干扰的能力，调整自己，增强社会适应力，坚信失败乃成功之母。

成功之路难免坎坷和曲折，有些人把痛苦和不幸作为退却的借口，也有人在痛苦和不幸面前寻得复活和再生。只有勇敢地面对不幸，并超越痛苦，永葆青春的朝气和活力，用理智去战胜不幸，用坚持去战胜失败，我们才能真正成为自己命运的主宰，成为掌握自身命运的强者。

其实失败就是辨别强者和弱者的一块试金石，强者可以愈挫愈勇，弱者则是一蹶不振。想成功，就必须面对失败，就必须在千万次失败面前站起来。

向折磨说一声“我能行”

面对挫折，只有自强者才能战胜困难、超越自我。如果一味地想着等别人来帮忙，就只能落得失败的下场。遭遇不顺利的事情时，坐等他人的帮助是一种极其愚蠢的做法。只有靠自己的努力才能解决问题，向折磨说一声“我能行”。记住：可以永远依赖的人只有自己！

一位农民，只上过几年学，家里没钱继续供他上学。他辍学在家，帮父亲耕种二亩薄田。他18岁时，父亲去世了，家庭的重担全压在了他一人肩上。他要照顾身体不好的母亲，还有瘫痪在床的祖母。

改革开放之后，农田包产到户。他把一块水洼挖成池塘，打算养鱼。村里的干部告诉他，水田不让养鱼，只能种庄稼，他只好把水塘填平。在别人看来，他成了一个想发财但又非常愚蠢的人。

听说养鸡赚钱，他管亲戚借了300元钱，养起了鸡。一场大雨后，鸡却得了鸡瘟，几天内全都死光。300元对别人可能不算什么，但对一个只靠二亩薄田生活的家庭而言，可以说是天文数字。他母亲受不了这个刺激，忧劳成疾而死。

后来他酿过酒，捕过鱼，甚至在石矿的悬崖上帮人打过炮眼……可是都没有赚到钱。

36岁时，他仍没有娶到媳妇。即使离异有孩子的女人都看不上他，因他只有一间土屋，并且随时有可能在一场大雨后倒塌。娶不上老婆的男人，在农村是被看不起的。

但他没有放弃，不久他四处借钱买了一辆手扶拖拉机。上路不到半个月，这辆拖拉机却冲入一条河里。他断了一条腿，成了瘸子。那拖拉机，被人捞起来时，已支离破碎，他只能拆了它，当废铁卖。

几乎所有人认定他这辈子完了。

但多年后，他竟然成了一家公司的老总，手中拥有上亿元的资产。现在，许多人提起他苦难的过去和富有传奇色彩的创业经历唏嘘不已。许多媒体采访他，许多报告文学描述过他。曾有记者这样采访他。

记者问："苦难的日子里，什么力量支撑你一次又一次毫不退缩呢？"

他坐在宽大豪华的老板台后面，喝完一杯水。然后，他把玻璃杯握在手里，反问记者："如果我松手，这只杯子会怎样？"

记者说："摔在地上，肯定碎了。"

"那让我们试试看。"他说。

他手一松，杯子掉在地上发出了清脆的声音，但并没破碎，而是完好无损。他说："即使有10人在场，他们也都会像你一样认为这只杯子必碎无疑。但是，这不是普通的玻璃杯，而是用玻璃钢制作的。"

是啊！这么坚韧的人，如果只有一口气，他也会奋力去拉那只成功的手……

习惯抱怨生活太苦的人，是不是也能说一句这样的豪言壮语："我已经经历了那么多的磨难，眼下的这一点痛又算得了什么？"

我们在埋怨自己生活多磨难的同时，不妨想想故事中这位主角的人生经历，或许还有更多多灾多难的人们，与他们相比我们的困难和挫折算什么呢？向折磨说一声"我能行"，自强起来，生命就会站立不倒。

冬天总会过去，春天迟早会来临

四时有更替，季节有轮回，严冬过后必是暖春，这符合大自然的发展规律。在我们人类眼中，事物的发展似乎也遵循着这一条规律，否极泰来、苦尽甘来、时来运转等成语无不反映了人们的一种美好愿望：逆境达到极点就会向顺境转化，坏运到了尽头好运就会来到。所以，我们坚信，没有一个冬天不可逾越，没有一个春天不会来临。这是对生活的信心，也是对生活的希望，有了信心与希望，即使事情再糟糕，我们也会有面对现实的勇气和决心。

约翰是一个汽车推销商的儿子，是一个典型的美国孩子。他活泼、健康，热衷于篮球、网球、垒球等运动，是一个众所周知的优秀学生。后来约翰应征入伍，在一次军事行动中，他所在部队被派遣驻守一个山头。激战中，一颗炸弹突然飞入他们的阵地，眼看就要爆炸，他果断地扑向炸弹，试图将它扔开。可是炸弹还是爆炸了，他被重重地炸倒在地上，当他向后看时，发现自己的右腿右手全部炸掉了，左腿变得血肉模糊，也必须截掉了。一瞬间他想哭，却哭不出来，因为弹片穿过了他的喉咙。人们都以为约翰再也不能生还，但他奇迹般地活了下来。

是什么力量使他活了下来？是格言的力量。在生命垂危的时候，他反复诵读贤人先哲的这句格言：“如果你懂得苦难磨炼出坚韧，坚韧孕育出骨气，骨气萌发出不懈的希望，那么苦难最终会给你带来幸福。”约翰一次又一次默念着这段话，心中始终保持着不灭的希望。然而，对于一个三截肢（双腿、右臂）的年轻人来说，这个打击实在太大了！在深深的绝望中，他又看到了一句先哲格言：“当你被命运击倒在最底层之后，再能高高跃起就是成功。”

回国后，他从事了政治活动。他先在州议会中工作了两届。然后，他竞选副州长，但是失败了，这对他来说又是一次沉重的打击。不过，他用这样一句格言鼓励自己：“经验不等于经历，经验是一个人经过经历所获得的感受。”这指引他更自觉地去尝试。紧接着，他学会了驾驶一辆特制的汽车并跑遍全国，发动了一场支持退伍军人的“革命”。那一年，总统任命他担任全国复员军人委员会负责人，那时他 34 岁，是这个机构中担任此职务的最年轻的一个。几年后，约翰卸任回到自己的家乡。1982 年，他被选为州议会部长，1986 年再次当选。

后来，约翰已成为亚特兰城一个传奇式人物。人们经常在篮球场上看到他摇着轮椅打篮球。他经常邀请年轻人与他做投篮比赛。他曾经用左手一连投进了 18 个空心篮。引用一句格言说：“你必须知道，人们是以你自己看待自己的方式来看你的。你对自己自怜，人家则会报以怜悯；你充满自信，人们会待以敬畏；你自暴自弃，多数人就会嗤之以鼻。”一个只剩一条手臂的人能成为一名议会部长，能被总统赏识担任一个全国机构的要职，是这些格言给了他力量。同时，他的成功也成了这些格言的有力佐证。

天无绝人之路，生活给我们难题，同时也会给我们解决问题的能力与方法。约翰之所以能够生存下来并创造事业的辉煌，是因为他坚信人生没有过不去的坎儿，坚信冬天之后春天会来临。他在困难面前没有选择低头，而是昂首挺进，直至迎来了生命的春天。

生活并非总是艳阳高照，狂风暴雨随时都有可能来临。所以每一个人都需要将自己重新打理一下，以一种勇敢的人生姿态去迎接命运的挑战。请记住，冬天总会过去，春天总会来到，太阳也总会出来。只要度过人生的寒冬，我们一定会生活得更好。

第三章　停止抱怨，享受幸福的人生

活着，就是一种幸福

一位名人去世了，朋友们都来参加他的追悼会。昔日前呼后拥、香车宝马的名人躺在骨灰盒里，百万家财不再属于他，宽敞的楼房也不再属于他，他所拥有的只有一个骨灰盒大小的空间，山珍海味浇灌的肚子也化成了一把灰烬。

从名人的追悼会上回来，几乎每一个人都会产生看破红尘的念头，那么聪明的一个人，那么会算计的一个人，每一个曾经与他斗的人最终都败下阵来，可是他斗来斗去也斗不过命。撒手人寰以后，一切都是空。

人们想：趁现在好好活着吧，活着就是幸福。什么利、权、势，轰轰烈烈了一世，最后还不是一个人孤零零地走了？以前踩着那么多人的肩膀向上爬，得罪了那么多人，值得吗？

可是，明天还是要忙忙碌碌地奔波，钩心斗角地生活。

一边是死亡的震撼，一边是活着的琐碎，我们很容易被死亡所震撼，但我们更容易被活着的琐碎所淹没。不要去在意那些繁杂的纠葛，苦痛、伤害、低迷等，一切的一切仅仅是生活中小小的注脚而已。活着，即意味着还有追求幸福的资本和契机。活着就是幸福，让我们好好珍惜现在鲜活的生命。

幸福在于失意时的忘却

有人这样问：“爱情没有了，回忆起来甜蜜多一点还是痛苦多一点？”我们常常会遇到这样的问题，很多人觉得失去当然是痛苦大于幸福，想起分手时刻的那些伤害，想起痛苦地流泪都会让人心中作痛。而有一个人却说：“分手了，我记得最多的还是甜蜜，因为我忘记了那个人和那些痛苦，留在记忆里最多的还是那份曾经美好的爱情带来的感动与甜蜜。”的确，很多时候，我们伤心痛苦，大都是因为我们无法忘记，无法忘记那些伤痛和失意，那些记忆犹如明镜一般被我们悬挂起来，每天都在看，每时都在想，这样的话我们又怎能快乐呢？所以，在失意的时候，人应当学会忘记，忘记那些不快，才能够真正的快乐，才能开始新的生活。

生于尘世，每个人都不可避免地要经历苦雨凄风，面对艰难困苦，想开了困境就是天堂，想不开就是地狱。而忘记就是一副良药，能愈合你的伤口，让你能怀着新的希望上路。

人的一生，就像一趟旅行，沿途中有数不尽的坎坷泥泞，但也有看不完的春花秋月。如果我们的心总是被灰暗的风尘所覆盖；如果我们拥有的是干涸了的心泉、暗淡了的目光；如果失去了生机，丧失了斗志，我们的人生轨迹岂能美好？而如果我们能保持一种健康向上的心态，即使我们身处逆境，四面楚歌，也一定会有“山重水复疑无路，柳暗花明又一村”的那一天。

悲观失望者一时的呻吟与哀叹虽然能得到短暂的同情与怜悯，但最终得到的必然是别人的鄙夷与厌烦。而乐观上进的人，经过长期的忍耐与奋斗，最终赢得的将不仅仅是鲜花与掌声，还有那饱含敬意的目光。

虽然，每个人的人生际遇不尽相同，但命运对每一个人都是公平的。因为窗外有土也有星，就看你能不能磨砺一颗坚强的心、一双智慧的眼，透过岁月的风尘寻觅到辉煌灿烂的星星。

很多人在失意的时候学会了抱怨，学会了沉沦。忘不掉别人给予的伤痛，莫过于拿别人的错误来惩罚自己。就如失恋，不是因为你自己不够优秀，也不是因为你自己倒霉，而是因为你在错误的时间遇到了不适合的人。所以说，分开很正常，因为你需要腾出时间和位置去给那个适合的人。但是从你沉沦在失恋中的那一刻起，你的记忆里装满的都是曾经的伤，又怎能给那个新的人腾出空间呢？要知道一个塞满了旧的回忆的大脑，是永远无法让新鲜的东西容进来的。

在生活中，有很多的无奈需要我们去面对，有很多的道路需要我们去选择。我们要忘记一些原本不应该属于自己的，去把握和珍惜真正属于自己的，去追寻前方更加美好的！我们要忘记一些烦琐，为大脑减负，忘记那些怅惘，为了轻快地歌唱；忘记一段凄美，为了轻柔的梦想。忘记，是一种伤感，但更是一种美丽。

看淡得失，也就减少了痛苦

人生之中，难免会经历这样或那样的波折。面对生活中的痛苦，如果一味地沉浸在对命运的抱怨中，那么我们看到的只能是漫无边际的悲观和失望，可是如果保持一颗豁达的心，即使是处在人生的风雪里，我们也会把困难当成风景来观赏。

曼德拉因为反对白人种族隔离黑人种族的政策而入狱，白人统治者把他关在荒凉的大西洋小岛罗本岛上长达 27 年。当时曼德拉年事已高，但白人统治者依然像对待年轻犯人一样对他进行残酷的虐待。

罗本岛上布满岩石，到处是海豹、蛇和其他动物。曼德拉被关在总集中营一个“锌皮房”中，每天白天都要打石头，将采石场的大石块碎成石料。有时他要下到冰冷的海水里捞海带，有时干采石灰的活儿——每天早晨排队到采石场，然后被解开脚镣，在一个很大的石灰石场里，用尖镐和铁锹挖石灰石。因为曼德拉是要犯，看管他的看守就有3人。他们对他并不友好，总是寻找各种理由虐待他。

但谁也没有想到，1991年曼德拉出狱当选总统以后，他在就职典礼上做了一个震惊全世界的举动。

总统就职仪式开始后，曼德拉起身致辞，欢迎来宾。他依次介绍了来自世界各国的政要，然后他说，能接待这么多尊贵的客人，他深感荣幸，但他最高兴的是，当初在罗本岛监狱看守他的3名狱警也能到场。随即他邀请他们起身，并把他们介绍给大家。

曼德拉的博大胸襟和宽容精神，令那些残酷地虐待了他27年的白人不安，也让到场的所有人肃然起敬。看着年迈的曼德拉缓缓站起，恭敬地向3个曾关押他的看守致敬，在场的所有来宾乃至整个世界，都静下来了。

后来，曼德拉向朋友们解释说，自己年轻时性子很急，脾气暴躁，正是狱中生活使他学会了控制情绪，因此他才活了下来。牢狱岁月给了他时间与激励，也使他学会了如何处理自己遭遇的痛苦。他说，感恩与宽容常常源自痛苦与磨难，必须通过极强的毅力才能得到。

获释当天，他的心情平静："当我迈过通往自由的监狱大门时，我已经清楚，自己若不能把悲痛与怨恨留在身后，那么我其实仍在狱中。"

没错，面对生活中的磨难，如果不能以一颗豁达的心面对，那么我们只能一直生活在痛苦当中。在生活中，很多人都不能放下心中的痛苦，觉得命运对他们太过刻薄，让他们品尝到了别人品尝不到的痛苦。所以，他们愤恨，他们抱怨，甚至于还会想到要报复。

可是，即便是我们把心中的痛苦都发泄给了另一个人，我们仍然没有办法减轻自己心中的痛苦，因为我们不曾真正地放下。所以，与其把我们的痛苦强加给别人，不如我们自己释怀。看淡得失，也就看淡了人生的风景。

要学会清扫自己的心灵

印度一位公主的波斯猫走丢了，于是国王下令：谁要是能把猫找到，重重有赏。并且，国王叫宫廷画师画了数千幅猫像，张贴在全国各地。

送猫者络绎不绝，但都不是公主丢失的。

公主于是就想：可能是捡到猫的人嫌钱少——那可是一只纯正的波斯猫。

公主把这一想法告诉国王，国王马上把奖金提高到 50 块金币。后来一个流浪儿在宫廷花园外面的墙角捡到了那只猫。

流浪儿看到了告示，第二天早上就抱着猫去领 50 块金币。

当他经过一家杂货铺时，看到墙上贴的告示已变成 100 块金币。

流浪儿又回到他的破茅屋，把猫重新藏好，他又跑去看告示时，奖金已涨到 150 块金币。

接下来的几天里，流浪儿没有离开过贴告示的墙壁。

当奖金涨到使全国人民都感到惊讶时，流浪儿返回他的茅屋，准备带上猫去领奖，可是猫已经死了。

因为这只猫在公主身边吃的都是鲜鱼和鲜肉，对流浪儿从垃圾桶里捡来的东西根本消化不了。

贪心使人永远没有满足之时，因此，不能让贪心成为人生的包袱，压得太重反而是什么也得不到。只有卸掉包袱才能轻装上阵。

古人曾说，二鸟在林不如一鸟在手。我们为什么不好好地珍惜已在手中的那只鸟，偏偏整日去贪图那两只遥不可及的家伙？好高骛远，不满现实，正是现代人自找的烦恼。自己的汽车还好好的，一日见邻居买了一辆新车，就想尽办法也要换辆新的；自家的房子够大也够住，但别人有了新屋，于是一定要与人家比，左思右想要买栋更漂亮的房子！人比人，气死人，这样比来比去，你永远不会满足。问题就出在“过分”二字，过分即不按理性做事，心理失去平衡，就增添了许多不必要的压力。

人生又何尝不是如此！在人生路上，每个人都在不断地积累东西，这些东西包括你的名誉、地位、财富、亲情、人际、健康、知识等。当然也包括了烦恼、忧闷、挫折、沮丧、压力，等等。这些东西，有的是早该丢弃而未丢弃，有的则是早该储存而未储存。

因此，对那些会拖累你的东西，必须立刻放弃，要卸掉包袱，对心灵进行扫除。

心灵扫除的意义，就好像是生意人的“盘点库存”。你总要了解仓库里还有什么，某些货物如果不能限期销售出去，最后很可能会因积压过多拖垮你的生意。

不过，有时候某些因素也阻碍我们放手进行扫除。譬如，太忙、太累，或者担心扫完之后，必须面对一个未知的开始，而你又不确定哪些是你想要的。

的确，心灵清扫原本就是一种挣扎与奋斗的过程。不过，你可以告诉自己：每一次的清扫，并不表示这就是最后一次。而且，没有人规定你必须一次全部扫干净。你可以每次扫一点，但你至少必须立刻丢弃那些会拖累你的东西。

生命的过程就如同参加一次旅行。你可以列出清单，决定背包里该装些什么才能让你到达目的地。但是需要记住一点，在每一次生命停泊时都要学会清理自己的背包：什么该丢，什么该留。只有卸掉一些不必要的东西，才能轻装上阵，活得更轻松、更自在。

第四章　抱怨别人，不如修正自己

抱怨生活之前，先认清你自己

我们会抱怨生活，因为它没有给我们安排好想要的生活，没能让我们不经过努力就获得自己想要的东西；我们抱怨工作，因为它总是不能给我们带来财富，尽管我们已经尽力了，可是薪水还是那么一点点；我们抱怨家长，因为他们没能给我们很好的生活环境，没能让我们像富家子弟那样生活；我们抱怨朋友，因为他们总是只想着自己，完全不顾及我们的感受；我们抱怨……这样一直抱怨下去，我们突然发现，身边的一切事情都让我们看不顺眼，一切都不能尽如我们的意愿。可是，怎么办呢？问题到底出在哪里呢？

一个女孩对父亲抱怨她的生活，抱怨事事都那么艰难。她不知该如何应付生活，想要自暴自弃了。她已厌倦抗争和奋斗，因为好像一个问题刚解决，新的问题就又出现了。

女孩的父亲是位厨师，他把她带进厨房。他先往三只锅里倒入一些水，然后把它们放在旺火上烧。不久，锅里的水烧开了。他往第一只锅里放些胡萝卜，第二只锅里放入鸡蛋，最后一只锅里放入碾成粉状的咖啡豆。他将它们浸入开水中煮，一句话也没说。

女孩咂咂嘴，不耐烦地等待着，纳闷父亲在做什么。大约20分钟后，他把火闭了，把胡萝卜捞出来放入一个碗内，把鸡蛋捞出来放入另一个碗内，然后又把咖啡舀到一个杯子里。做完这些后，他才转过身问女儿：“亲爱的，你看见什么了？”

“胡萝卜、鸡蛋、咖啡。”她回答。

他让她靠近些，并让她用手摸摸胡萝卜。她摸了摸，注意到它们变软了。

父亲又让女儿拿一只鸡蛋并打破它。将壳剥掉后，她看到的是只煮熟的鸡蛋。

最后，父亲让她啜饮咖啡。品尝到香浓的咖啡，女儿笑了。她怯声问道："父亲，这意味着什么？"

父亲解释说，这三样东西面临同样的逆境——煮沸的开水，但其反应各不相同。

胡萝卜入锅之前是强壮的、结实的，毫不示弱，但进入开水后，它变软了，变弱了；鸡蛋原来是易碎的，它薄薄的外壳保护着它呈液体的内脏，但是经开水一煮，它的内脏变硬了；而粉状咖啡豆则很独特，进入沸水后，它们倒改变了水。

父亲的教导方法是高明的。他把生活比作一杯水，而拿不同的物体来比喻我们。如果我们如胡萝卜一般，只能任由环境的改变，那么我们就是被动的；而当我们是粉状咖啡豆的时候，尽管在杯子里已经找不到了我们的影子，却能因为我们的变化而改变了人生的大环境。

所以说，当你开始抱怨生活的时候，先要认清楚自己，看你是容易被生活改变的一类人，还是可以去改变生活的一类人。如果你就那样被生活改变了，就不要责怪生活，而要怪你自己的不坚定，容易随波逐流；而当你确定你能够改变生活的时候，就应该放下抱怨，拿出勇气，因为生活的味道完全是你可以设计和改变的。

问题的98%是自己造成的

人们有着一个共同的特点，就是总将问题归结到别人身上，认为别人是问题的制造者，而自己只是一个无辜的受害者。殊不知，问题的98%都是自己造成的，如果自己身上没有问题或在自己的环节将问题彻底解决，便不会出现一发不可收拾的局面了。

一本杂志曾记录这样一个故事：

当巴西海顺远洋运输公司派出的救援船到达出事地点时，“环大西洋”号海轮已经消失，21名船员不见了踪影，海面上只留下一个救生电台在有节奏地发出求救的信号。救援人员瞧着平静的大海发呆，谁也弄不明白在这个海况极好的地方发生了什么事情，从而导致这条最先进的船淹没。此时有人发现电台下面绑着一只密封的瓶子，打开瓶子，里面只有一张纸条，有21种笔迹，上面是这样写的：

一水汤姆：3月21日，我在奥克兰港私下购买了一个台灯，想写信给妻子时照明用。

二副瑟曼：我瞧见汤姆拿着台灯回船，说了句这小台灯底座太轻，船晃荡时不要让它倒下来，只是没加干涉。

三副帕蒂：3月21日下午船离开港口，我发现了救生筏施放器存在问题，就把救生筏绑在了架子上。

二水戴维斯：离岗检查的时候，我发现水手区的闭门器损坏了，便用铁丝将门绑牢。

二管轮安特尔：我在检查消防设施时，发现了水手区的消火栓的锈蚀，心想还有几天就快到码头了，那时候再换。

船长麦特：起航时，由于工作繁忙，忘了看甲板部和轮机部的安全检查报告。

机匠丹尼尔：3月23日上午，理查德和苏勒的房间消防探头在连续报警。我和瓦尔特进去后，没有发现火苗，所以判定探头误报警，拆掉探头交给惠特曼，要求换新的。

机匠瓦尔特：我就是瓦尔特。

大管轮惠特曼：我说我正忙着，等一会儿再拿给你们。

服务生斯科尼：3月23日13点，到理查德房间找他时，他不在，我坐了一会儿，便随手开了他的台灯。

大副克姆普：3月23日13点半，带着苏勒和罗伯特进行着安全巡视，没有进理查德和苏勒的房间，便说了句“你们自己的房间自己进去看看”。

一水苏勒：我笑了笑，并没有进房间，而是跟在克姆普后面。

一水罗伯特：我确信没有进房间，而跟在苏勒后面。

机电长科恩：3月23日14点，我及时发现跳闸了，因为这种现象以前也出现过，所以没多想，就将闸合上，并没查明原因。

三管轮马辛：感觉空气不好，先打电话至厨房，听到没有问题后，就让机舱打开了通风阀。

大厨史若：我接到马辛电话时，还开玩笑说，我们这里没什么问题？你过来帮我们做饭吧？随后问乌苏拉：“我们这里安全吧？”

二厨乌苏拉：我也感到空气不好，但觉得我们这里平时很安全，就没当回事继续做饭。

机匠努波：我接到了马辛电话后，打开了通风阀。

管事戴思蒙：14点半，我召集了所有不在岗位的人都到厨房帮忙做饭，因为晚上会餐。

医生英里斯：我没有去巡诊。

电工荷尔因：晚上值班时我跑进了餐厅。

最后是船长麦特写的话：19点半，发现火灾时，汤姆和苏勒的房间已经被烧穿，一切都糟糕透了，我们并没有办法去控制火情，而且火势越来越大，直到整条船上都着了火。其中我们每个人都犯了一小点错误，最终却造成了人毁船亡的大错。

看到这张绝笔的纸条，救援人员谁都没说话，海面上是死一样的静，大家都好似清晰地看到了整个事故的全过程。

船长麦特的最后一句话是最值得我们深思的：“我们每个人都犯了一点错误，最终酿成了人毁船亡的大错。”问题出现时，不要再找借口了，因为你自己或许才是问题的真正根源，问题的98%都是你自己造成的，“环大西洋”号的覆灭不正说明了这一点吗？

失败者的借口通常是“我没有机会”。他们将失败的理由归结为不被人垂青，好职位总是让他人捷足先登，殊不知，其失败的真正原因恰恰在于自己不勤奋，没有好好把握得之不易的机会。而那些意志坚强的人则绝对不会找这样的借口，他们不等待机会，也不向亲友们哀求，而是靠自己的勤奋努力去创造机会，因为他们深知，很多困境其实是自己造成的，唯有自己才能拯救自己。

修正自己在于管理自己

很早的时候我国古代圣贤就说过“克己”，也就是自制的意思。我们的祖先虽然早就提出了“克己”，但是我们在“克己”方面做得还远远不够。相比较而言，一些外国人在“自制”方面比我们更有成就。

南京大学有一个美国留学生叫唐·娜。寒假里，唐·娜随她的女同学张菁到老家河南农村过年。大年初一，张家准备了一桌丰盛的酒席招待唐·娜。席上，张父特意以当地名酒款待嘉宾。张父给唐·娜斟了满满一杯酒，可是唐·娜只是礼貌地举杯，却滴酒不沾。

张家问其故。唐·娜说，她的家乡在美国西雅图州。当地的法律规定，公民年满21岁才能饮酒，她今年才19岁，还未到饮酒的年龄。

张家人劝她，这里是中国，不是美国，入乡随俗是可以的。再说，没有一个美国人会知道你在中国饮过酒。唐·娜却说，虽然自己身在国外，也应该遵守美国法律；名酒的味道很香，但自己会克制自己，不到法定年龄，绝对不会饮酒。

唐·娜始终没有饮酒，张家人对这个19岁的美国姑娘十分敬佩。

寒假结束，唐·娜要回南京的时候，当地政府有关部门特意设宴款待唐·娜，唐·娜却婉言谢绝了。问其故，唐·娜说，美国的法律规定，凡属官方的宴请，只能由政府官员出席。她是一个普通的美国人，不是政府官员，因此不能接受官方的宴请。当地政府一再做工作，唐·娜还是没有出席。

还有一个故事讲的是：一个美国商人，他经常到中国做生意。有一次，一笔生意成交以后，中方宴请他。中方听说这个美国商人十分喜欢吃虹鳟鱼，席上，主人特意请著名厨师做了一道名菜：清炖虹鳟鱼。

这道菜上来以后，美国商人眼睛一亮，看得出，商人真的很喜爱这道菜。奇怪的是，商人夹了一块鱼肉以后，还没有送到嘴里就又送了回去，放下筷子不吃了。

主人忙问其故，美国商人说，这是一条有籽的虹鳟鱼，美国法律规定，要保护生态环境，不能吃有籽的母鱼。主人连忙说，这是在中国，不是美国。中国并没有这样的法律，美国商人说，我是美国人，走到哪儿，都要遵守美国的法律。

主人很尴尬，再次劝美国商人说，即使是这样，这条虹鳟鱼已经烧熟了，不吃浪费了岂不可惜！美国商人却说，即使浪费了，他也不能吃，美国商人自始至终都没有碰这条虹鳟鱼。

美酒的味道很香，唐·娜却不为之心动；虹鳟鱼的味道很美，美国商人却不为之下箸。他们是在没有任何外界压力下的一种自我限制行为，是在自觉地履行道德上的某种义务。有较强自制能力的人，一定能够战胜自我，远离祸害，做到快快乐乐。如果不幸遇到祸害，他们也一定能够泰然处之，化祸为福，让自己快乐。可见，自制对快乐的人生是极其重要的。

学会接受无法改变的事情

世界上的很多东西都不是完整的，而这些很多的不完整也就促成了人间的烦恼甚至是悲剧。比如说人的寿命是有限的，几年就是几年，并不像《西游记》中所描述的那样是专门有一个阎罗把持的，只要你有本事，就能让自己多活几年。也正是出于这样的原因，很多人并不甘心生命就这样到了尽头，总是在想方设法改变这些事实。比如说很多古代皇帝就曾经到处寻找长生不老的秘方，但到最后，还是逃脱不了死亡的宿命。

这就是事实，我们别无选择，只有接受。因此要想自己的生活过得开心一点，就得学会接受那些无法改变的事实。在接受这个事实的情况下再做另外的打算。

曾经有这样一则小故事，名叫《放手》：

有一个樵夫到山上砍柴，由于不慎跌下山崖，情急之中他拉住了半山腰上一根横出的树干，幸好这根树干比较结实，樵夫并没有掉下山崖，而是被吊在半空中，命暂时是保住了。但是新的问题又来了：悬崖光秃秃的，并没有可以抓手的地方，况且还很高，人根本就爬不上去，而下面就是崖谷，跳下去似乎也不是那么合适。

无奈的樵夫只好在那里等待救援，但谁又知道他被吊在半空了呢？正在不知如何是好的时候，恰巧有一老僧路过，他给了樵夫一个指点，说："放手！"

"放手，那我不就掉下去了吗？"

"既然不能上，那么唯一活命的途径已经被证实是不可能的了。如果总这么吊着也肯定只能等死，那唯一的办法就只有往下跳了——虽然不一定活，但也不一定死，说不定还可以顺着山势来缓和一点掉下去的冲力。或者在掉下去的半途中能够有另一棵树挡你一下，那么就可以再减掉一次冲力，生还的机会还是很大。也许还可以抓到石头，也许没有，也许可能真的会死，但还有一个很大的可能，就是也许不会死。"

现代社会很多人和这个可怜的樵夫所遇到的情况一样，进也不是，退也不是；争取也不是，放弃也不是。犹如鸡肋，食之无味，弃之可惜。这个时候与其夹在中间难受，倒不如放弃支撑的精力，痛痛快快地放手，将全部精力付诸一搏。

在现代社会中，竞争日益激烈，这种情况很可能随时都会发生。那么这个时候，我们又该如何去应对呢？一种办法就是接受已经发生的、不可改变的现实，并从这个现实出发，再做另行考虑。而不是在那里想着怎样才能改变这种现实，或者是心有不甘而想着要如何才能回到过去。这样做既不能如你所愿真的回到过去，又会浪费你宝贵的时间，与其这样，还不如接受这个失败的现实，积蓄力量，等待时机，东山再起。

这在心理上需要一定的承受能力，或者说一个人只有具备了阳光心态，才能做到很坦然地接受现实。也正是因为如此，那些阳光的人更容易成功，而这其中更是包含了两种智慧。

首先，是一种理解放弃的智慧。

放弃在很多时候都有一定的优势，世界上的很多东西，并不是我们想要得到就能得到的。我们需要适时地放弃。

人生中要经历无数次的选择与放弃，不懂得适时地放弃就不会看到人生更美的风景。

其次，是懂得不要一味地追求完美的智慧。

完美在很多时候都是做人做事的最高理想、最高境界，可是等你真的向那个目标进发的时候，你会发现其实现实并不是你所想象的那样美好。“完美本身其实就是一种不完美”，过多地苛求自己不但会影响到自己的发展，使得自己过于劳累，心灵过于疲惫，还会让周围的人身体跟着同样地劳累，心灵同样地疲惫。

完美主义是一种枷锁，扣在完美的身上作威作福。不要奢望“鱼和熊掌兼得”的完美，有时候完美并不等同于美丽，而恰恰是缺憾的验证。它让我们不能接受事实，也不能满足于现状，以至于减少了很多成功的机会。因此我们要解除这种枷锁给我们的束缚，把一个真实的自我释放出来，这样才算真正地改变了自己，才能真正做一个阳光的人。

反击别人不如充实自己

有时候，白眼、冷遇、嘲讽会让弱者低头走开，但对强者而言，这也是另一种幸运和动力。所以美国人常开玩笑说，正是因为刺激，才“造就”出了杜鲁门总统。

故事是这样的：在读高中毕业班时，查理·罗斯是最被老师宠爱的学生。英文老师布朗小姐，年轻漂亮，富有吸引力，在校园里最受学生欢迎。同学都知道查理最得布朗小姐的青睐，便在背后笑他说，若查理将来不能成为一个人物，布朗小姐将不会原谅他。

毕业典礼时，查理走上台领取毕业证书，此时受人爱戴的布朗小姐站起身，当众给了查理一个吻，对他来了个出其不意的祝贺。当时，本以为在人群中会爆发哄笑与躁动，结果却是一片缄默和懊丧。

很多毕业生，尤其是男孩子，对布朗小姐这样公开表达自己的偏爱深感愤恨。不错，作为学生代表查理在毕业典礼上致告别词，也曾担任过学生年刊的主编，还曾是“老师的宝贝”，但这些就足以使他获得如此之高的荣耀吗？典礼过后，有几个男生包围了布朗小姐，为首的一个质问她为什么如此明显地冷落别的学生。

“查理是靠自己的努力赢得了我特别的赏识，如果你们有出色的表现，我也会吻你们的。”布朗小姐微笑着说。男孩们得到了些安慰，查理却感到了更大的压力。他已经引起了别人的嫉妒，并成为少数学生攻击的目标。他决心毕业后一定要用自己的行动证明自己值得布朗小姐报之一吻。毕业之后的几年内，他异常勤奋，先进入了报界，后来终于大有作为，被杜鲁门总统亲自任命为白宫负责出版事务的首席秘书。

当然，查理被挑选担任这一职务也并非偶然。原来，在毕业典礼后带领男生包围布朗小姐，并告诉她，自己感到受冷落的那个男孩子正是杜鲁门本人。

查理就职后的第一件事，就是接通布朗小姐的电话，向她转述美国总统的问话：“您还记得我未曾获得的那个吻吗？我现在所做的能够得到您的评价吗？”

生活中，当我们遭到冷遇时，不必沮丧，不必愤恨，唯有尽全力赢得成功，才是最好的报复与反击。当有人刺激了我们的自尊心，伤害到我们的心灵时，强烈地批驳别人还不如思考自己什么地方还需要完善。

有个喜欢与人争辩的学者，在研究过辩论术，听过无数次的辩论，并关注它们的影响之后，得出了一个结论：世上只有一个方法能从争辩中得到最大的利益——那就是停止争辩。你最好避免争辩，就像避免战争或毒蛇那样。

这个结论告诉我们：反击别人不如自我休战。争辩中的赢不是真赢，它带来的只是暂时的胜利和口头的快感，他会导致他人的不满，影响你与他人之间的关系，更重要的是，在争辩中失利的人不会发自内心地承认自己的失败，所以你的说服和辩论统统徒劳无功，无益于事情的解决。

有一种人，反应快，口才好，心思灵敏，在生活或工作中和别人有利益或意见的冲突时，往往能充分发挥辩才，把对方辩得哑口无言。可是，我们为什么一定要与对方辩论到足以证明是他错了？这么做除了我们得到一时的快意之外还有什么呢？这样能使他喜欢我们，或是能让我们签订合同？事实并非如此，要想拥有良好的人际关系，要想使自己在事业上游刃有余，在朋友中广受欢迎，在家庭中和睦相处，我们最好永远不要试图通过争辩去赢得口头上的胜利。

反击别人，除了互相伤害以外，我们都不会得到任何好处。这是因为，就算我们将对方驳得体无完肤、一无是处，那又怎样？我们只是使他觉得自惭形秽、低人一等，我们伤了他的自尊，他不会心悦诚服地承认我们的胜利。即使他表面上不得不承认我们胜了，但他从此心里会埋下怨恨的种子。所以，还不如用那争辩时间来做更有意义的事情。

第五章　杜绝抱怨，才能做到有效的沟通

你对别人的态度，决定他对你的态度

人与人的关系常常是微妙的。有时候，你对一个人不满意，或者存在一种厌烦的心理，但是你并不希望他能够感受到你对他的不满或者厌烦，还希望他能够在不发现的前提下把你当成朋友，这种情况几乎是不可能存在的。我们常说，人与人之间的关系是相互的。你不喜欢别人，往往他也正烦着你呢；你很希望与一个人成为朋友，也许他同样受着你的吸引。

这样说来，在处理人际关系时，我们就没有权利去抱怨那些对待自己不是很友善的人了。在舞会上，如果我们受到了别人的冷落，就应该想一想，自己是不是也同样没有将目光投放在别人的身上，却过多地希望得到别人的关注？在生病的时候，身边没有人表示对我们的关怀，是不是我们也在别人生病的时候表现出了冷漠，伤害了别人渴望友情的心……

一位老人，每天坐在路边的摇椅上，向开车往来镇上的人打招呼。一天，孙女在他身旁，陪他聊天。这时一位游客模样的陌生人在路边到处打听，似乎想找个地方住下来。

陌生人走过老人身边，问道：“请问大爷，住在这座城镇还不错吧？”

老人转过来回答：“你原来住的城镇怎么样呢？”

游客说：“我原来住的地方，人们很喜欢批评别人。邻里之间常说闲话，总之那地方很不舒服。真高兴能够离开那里，那不

是个使人愉快的地方。”老人听了对陌生人说:“那我可得告诉你,其实这里也差不多。”

过了不久，一辆载着一家子人的大车，在老人旁边的加油站加油。车子缓缓开进加油站，停在老先生和孙女坐的地方。

这时，父亲模样的人从车上走下来，向老人问道：“住在这市镇不错吧？”老人没有正面回答，又问道：“你原来住的地方怎样？”父亲看着老人说：“我原来住的城镇人人都很亲切，每个人都愿帮助邻居。无论到哪儿，总会有人跟你打招呼说谢谢。真舍不得离开那里。”老人瞧瞧这位父亲，脸上露出和蔼的笑容:“这里其实也差不多。”

车子开动了。那位父亲向老人道了声谢谢，驱车离去。等到那家人走远，孙女抬头问老人：“爷爷，为什么您告诉第一个人这里很恐怖，却告诉第二个人这里很好呢？”老人慈祥地看着孙女说：“不管搬到哪里，你都会带着自己的态度；地方可怕或可爱，全在于你自己！”

我们之中总有那么一些人，常常以自我为中心，只看到别人是怎么对待他的，而从来不去想自己是怎么对待别人的。有什么事情求朋友，从来都不会想别人是否有空，是否有更重要的事情去做。或者朋友已经很累了，拖延了他的请求，这时候，他就会觉得自己受到了伤害，朋友们没有为自己着想。

我们每个人都有自己的生活圈子，朋友也有自己的生活。没有人是单单为了某一个人而存在的。当我们感觉受到了朋友的冷落的时候，不要总是想着去责怪别人，而是要从自身开始反省，看看自己是否做了更加过分的事情。因为你对待别人是什么态度的，别人也往往会对你是什么态度。

维护友情，需要的是相互理解、相互体谅。如果一直都以私利的角度去要求别人做事情，那么你一定会招致别人的反感。在生活中，我们也常常会听说："什么样的人会交什么样的朋友""不是一家人不进一家门"之类的话，其实就是将人以群分，告诉我们，你怎样对待别人，别人也会以同样的方式来对待你。

友善比强硬更有力量

我们常常可以看到这样的场景：地铁里，人们为了抢座位在争吵；公交车上，人们因为过于拥挤而发生了扭打；走在路上，我们会因为被别人踩了一脚而揪住对方的领子不放；家长会因为孩子不服从自己的安排而给他一顿暴打；上司会因为下属不能完全听从自己的意愿而将他开除……当我们对暴力盲目地崇拜时，我们的心也开始变得僵硬了；当我们喜欢上了以强硬的手段去解决问题的时候，我们也就失去了理智，失去了爱。

所以，与别人发生冲突的时候，我们不妨给予别人一个宽恕的微笑，一个温暖的笑容往往要胜过强硬的拳头。有时候，一个不经意的拥抱，就会融化误会的冰雪，也会拯救一颗受伤的心。

在《人生与伴侣》杂志中看到过这样一篇文章：

有一位在电视台工作的记者，台里准备在世界艾滋病日策划一档节目，他自告奋勇地扮演艾滋病患者。12月1日上午，他来到胜利路步行街上，在一个最显眼的位置站住，这是南昌市最繁华的商业街。他胸前挂上一块牌子，写着几个大字："我有艾滋病，你能拥抱我吗？"摄像机远远地隐蔽被在一个角落。他当街一站，立即引来不少行人围观，当那些好奇的目光触及"艾滋病"三个字时，"哗"地一下四散奔逃，有人甚至捂着嘴巴。朋友早有防备，依然表情自然，不卑不亢。

有人走到他的身边，好奇地看他胸前的牌子，立刻掉头便走。两个小时过去，竟无一人敢上前拥抱他，渐渐他挺不住了，开始主动劝说："拥抱我吧，与艾滋病人正常交往是没有危险的。"人们却逃得更快了。阳光灿烂，街上人潮汹涌，他孤零零地站在大街上，仿佛被这个世界遗弃。一个个冷漠的眼神，让他不寒而栗，他竟然忘了，自己只是个"演员"。

终于，一个穿风衣的中年男人走到他跟前，看了看牌子，没说话，张开双臂紧紧地拥抱了他。"谢谢！"朋友满怀感激地道谢。泪水忽然决堤而出，仅仅一个无声的拥抱，竟让我这个七尺男儿当街大哭。又过了一会儿，一对年轻的情侣走过来，分别拥抱了他，然后手拉手走了。拥抱，一个，又一个……

那天，朋友是带着笑容离开的。

事后谈到这次经历，那位记者仍觉不好意思："说来惭愧，最初只是觉得有趣才去的，没想到自己会哭。打记事起我从没有这样哭过，但是那天，当获得第一位陌生人的拥抱时，泪水实在无法控制。没有亲身体验，是无法想象的。"

灾难固然难以承受，但比灾难本身更可怕的，是旁观者的冷漠。所以，在别人需要的时候，我们主动伸出双手，给对方一个拥抱，你的温暖的拥抱就有可能将一个在苦难中挣扎的人带出绝境。

在生活中，难免会发生自己的利益与别人的利益相冲突的时候。虽然社会现实常常伤害到我们，让我们在不得已的过程中变得冷漠与强硬，但不是所有的人都希望以伤害对方为代价而获利的。所以，不要总是用冷漠来武装自己，也不要总是以强硬的手段，来证明自己的强悍，适时的对别人表示你的友善，相信在那时候人们的心中就不会再存留彼此伤害的冰雪了。

唠叨是好人缘的致命伤

在现实生活中，很多人都是人群中的活跃者。他们喜欢以自我为中心，在喋喋不休之中让自己占尽了“风头”，而忽视了别人也有谈吐的欲望，别人也渴望交流。最终，在有意无意间，令别人感到压抑和被忽视。他们伤害了别人，自己也不会得到好人缘。

还有一些人，总是将自己的生活泡在“苦水”里。生活中，无论大事还是小事，都能给他们带来很多痛苦，他们将这些痛苦不断地对别人倾诉，向别人抱怨。

柔弱无助的人总是会引起别人的同情及保护的欲望，但凡事都应有个限度。反复地重复自己的不幸，这样做就不像一个年轻人应有的柔韧，反而如同一个自怨自艾的老人。或者，更形象一点地说，像“祥林嫂”那样不停诉说自己的不幸遭遇，得到的只是看客悲剧心理的满足，成为别人饭后的谈资，遭到别人对你的厌烦。

王艳刚开始向别人推销保险时，总是赖在别人那里不走，直至把对方累垮。这样做，结果不仅业绩没有好转，她对自己的推销能力也产生怀疑。在别人的帮助指点下，她决定：“并不一定向每一位我拜访的人推销保险。推销的时间如果超过预订的长度，我就要转移目标。为使别人快乐，我会很快离开。即使我明白如果再磨下去他有可能买我的保险。”

谁知竟然产生了奇妙的效果：“每天我推销保险的数目开始大增。有些人本来以为我会磨下去，当我愉快地离开他们之后，他们反而会来找我，并且说：‘你不能这么对待我。推销员都会赖着不走，而你居然不再跟我谈了。你回来给我填一份保险单。’”

俗话说：“话多不如话少，话少不如话好。”话多不一定有智慧，且往往可能刚好相反。

不要一上来就开始你的“牢骚”，唠叨往往是好人缘的致命伤，会给别人的心情带来很不好的影响。如果有什么不满的地方，尽量先创造一个尽可能和谐的气氛。做错事的一方，一般都会本能地有种害怕被批评的心理。如果很快地进入正题，被批评者很可能会产生不自主的抵触情绪。即使他表面上接受，也未必表明你已经达到了目的。所以，先让他放松下来，然后再开始你的“慷慨陈词”。

沟通不是一件容易的事情。人是复杂多样的，各有各的喜好，各有各的脾性。跟自己气味相投的人在一起就舒服惬意，话很多；一遇见气味不投的人，就感觉别扭，不想开口。所谓“酒逢知己千杯少，话不投机半句多”就是这种情形的写照，但是，真正投机的人又有多少呢？所以，一般人就有“知己难得”的感叹。

但是，善于跟别人交谈的人是很容易适应别人的。只有把话说到对方的心坎上，才能给交际架起绚丽的彩桥。那么，如何才能做到这一点呢？在社会上，不能适应别人的人多，善于适应别人的人少，因此，善于适应别人的人也就特别可贵了。

不想抱怨，就沉默

如果你很想说话，就先问自己：你为什么想说话——是为了自己，为了自己的利益，还是为了别人的利益。如果是为了自己，那就努力保持沉默。

对失去理智的人，最好的回答就是沉默。回答他的每一个词都会反过来落到你头上。以怨报怨——就等于火上浇油。

在特定的环境中，缄默常常比论理更有说服力。我们说服人时，最头痛的是对方什么也不说。反过来，如果劝者什么也不说，对方的错误意见就找不到市场了。

不同的缄默方式有不同的作用，运用时必须恰到好处。

咄咄逼人的缄默能使人不攻自破。有一个家庭教养很好的小学生，一天他拿了同学一件好玩具，晚饭前回来，装出一副若无其事的样子，同往常一样笑吟吟地说：“妈，我回来了！”妈妈缄默。“姐，我饿了。”姐姐缄默。“怎么了？”还是缄默。“我没做错事啊！”全家保持缄默。妈妈眼睛瞪着他，姐姐背对着他，全家都冷冰冰地对待他。他终于认识到自己的错误：“妈、姐，我错了……”

平平淡淡的缄默能发人深省。有些人态度很积极，但发表意见时不免有些偏颇，要是直截了当地驳回，又易挫伤其积极性，循循诱导又费时，精力也不允许。这时候，最好的办法便是平平淡淡地缄默。他说什么，你尽管听。“嗯”“啊”……什么也不说，等他说够了，告辞了，再用适当的不带任何观点的中性词和他告别：“好吧！”或“你再想想。”别的什么也不说。如此，他回去后定然要竭思尽虑：“今天谈得对不对？对方为什么不表态？错在哪里？”也许他会向别人请教，或许自己就能悟出道理。

转移话题的缄默能使人乐而忘求。对要回答的问题保持缄默，而选准时机谈大家的热门话题并引人入胜，使对方无法插入自己的话题，且从谈话中悟出道理，检讨自己。

义无反顾的缄默能使人就范。某领导有一次交代属下一件较困难的任务，当然，他能胜任。交代之后，对方讲起了“价钱”。于是该领导义无反顾地保持缄默，连哼也不哼。“困难如何大……”“条件如何差……时间如何紧……”说着说着他就不说了。最后说了一句：“好，我一定完成。”

沉默是金，有时沉默不语能够出奇制胜，如果滔滔不绝，反而有理说不清。

林肯是一位勤勉好学的人，他通过自学，领得了律师营业执照。他在法庭诉讼中的能言善辩、机智灵活，赢得了人们普遍的赞誉。有一次，他竟一言不发而击败了原告律师，在诉讼中获胜。

在法庭上，原告律师滔滔不绝，把一两个简单的论据反反复复地讲了两个小时，法官和听众都十分不耐烦，一片议论声。有的人竟打起瞌睡来。最后，原告律师终于说完了，林肯作为被告律师登上讲台，但他一言不发。台下一片肃静，人们都感到很奇怪。

过了一会儿，林肯把外衣脱下，放在桌上，然后拿起水杯喝口水，再把水放下，重新穿上外衣，然后又脱外衣又喝水。如此循环了五六次，法官和听众被林肯的哑剧逗得哈哈大笑，而林肯始终未发一言，在笑声中走下讲台，他的对手最终被“笑”输了。

第六章　该做就做，行动比抱怨更有效

你没成功，是因为你没有行动

如果你还在为自己的才华沾沾自喜，如果你还在抱怨某个老总“有眼无珠”，请你相信，生活中像你一样的人还有很多很多。这个世界不乏有才华有能力的人，但为什么成功的总是少数人？原因在于，成功的人有了想法就积极主动地去做，哪怕是失败了也不会失掉尝试的勇气。而不成功的人，即使才能再大，如果总是光说不做，也不会有奇迹出现，他们守着空想的城堡，将所有的理想都寄托在没有实际行动的梦幻里。

生活中我们也常常能听到有人这样说：“我这么聪明，将来准是做大事的，你们就等着吧，等我有钱了，请你吃满汉全席，再给你们一人买一辆飞机！”言语之间，踌躇满志，仿佛自己已经功成名就。当别人问他凭什么就能做大事的时候，他们会振振有词地说：“知识就是力量，智慧就是财富，我是知识与智慧并重，我怕谁啊！”

白日梦谁都会做，关键是要有所行动。白日梦不能当饭吃，你要想获得你想要的东西，你就得有实实在在的成绩，否则，光是有想法就能成功，那世界上岂不人人都是亿万富翁了？

正如英国前首相本杰明·笛斯瑞利指出的，虽然行动不一定能带来令人满意的结果，但不采取行动就绝无满意的结果可言——你需要的不只是梦想，你还要付出切切实实的努力。有了想法就去做，这样你才能成功。

一位名叫莱温的美国女孩，她父亲是芝加哥著名的牙科医生，母亲在一家很有名望的大学担任教授。家庭对她有很大的支持和帮助，她完全有机会实现自己的理想。从念中学时起，她就一直梦想当电视节目主持人。她感觉自己具备这方面的天赋，因为她和别人相处，即使是生人也愿意亲近她，和她长谈。

但是，她没有为这个理想做任何努力！她在等待奇迹出现，巴望一下子就当上电视节目的主持人。

莱温期待着，整日幻想会发生什么奇迹，可是奇迹没有出现。

另一位名叫露丝的女孩却实现了理想，成了著名的电视节目主持人。之所以会成功，露丝就是因为她知道“天下没有免费的午餐”，一切成功都要靠自己的努力去争取。她不像莱温那样有可靠的经济来源。她白天去打工，晚上在大学的舞台艺术系上夜校。毕业之后，她跑遍了芝加哥每一个广播电台和电视台。但是，每位经理对她的答复都差不多：“不是有几年工作经验的人，我们不会雇用的。”

露丝没有退缩，也没有坐等机会，而是继续去寻找机会。她一连几个月阅读广播电视方面的杂志，最终看到一则招聘广告：北达科他州一家很小的电视台招聘一名预报天气的女孩子。

露丝在那里工作了两年，之后又在洛杉矶的电视台找到了工作。又过了5年，终于成为她梦寐以求的节目主持人。

同样心怀梦想，可是为什么两个人的命运截然不同呢？

因为莱温在10年当中，一直停留在幻想上，坐等机会，她把所有的希望寄托于空想，注定了一事无成。而露丝则采取行动，将理想付诸实践，最后，她终于实现了理想。

成功不在难易，而在于“谁真正去做了”。这个世界不缺乏机遇，而是缺少抓住机遇的手。如果你有想法就要赶紧付出行动，别担心失败或困难重重，人都是在不断的跌倒与爬起中学会走路的。只有在实践与追求中，你才能超越自我，成为一块闪亮耀眼的真金。

抱怨失败不如用行动接近成功

很多人以为只要拥有一部成功的宝典，就可以一夜之间功成名就，这显然是极其错误的。对此，卡耐基一再告诫我们：

一张地图，不论它多么详细，比例尺有多么精密，绝不能够带它的主人在地面上移动一寸。一本羊皮纸的法禅，不论它有多么公正，也绝不能够预防犯罪。一个卷轴，绝不会赚一分钱或制造一个赚钱的字。只有行动，才是导火线，才能够体现地图、羊皮纸、卷轴的价值。行动，才是滋润成功的食物和水。因此我们必须铭记“行动”这个成功准则，绝不拖延和犹豫不决。

对于今天的事情我们不会放到明天去做，因为，明天是永远不会来临的。既然这样，那我们现在就应该采取行动，即使我们的行动不会马上为我们换回财富，但是，行动而失败总比坐而待毙好。即使财富可能不是行动所摘下来的那个果子，但是，没有行动，任何果子都会在藤上烂掉。

“我们现在要采取行动。我们现在要采取行动。我们现在要采取行动。”从今以后，我们要一遍又一遍，每 小时，每一天，都要重复这句话，一直等到这句话成为像我们呼吸的次数一样多，而跟在它后面的行动，要像我们眨眼睛那种本能一样迅速。有了这句话，我们就能够振作精神，践行使我们成功的每一个行动；有了这句话，我们就能够振作精神，迎接每一次挑战。

我们要一次又一次地重复这句话。

当我们醒来，而失败者还要多睡 1 个小时的时候，我们要说这句话，接着从床上跳下来。

当我们走进市场，而失败者还在考虑是否会遭到拒绝的时候，我们要说这句话，并立刻面对我们第一个可能的顾客。

当我们遇到人家闭着门，而失败者带着惧怕和惶恐的心情在门外等待的时候，我们要说这句话，并随即敲门。

当我们面临诱惑的时候，我们要说这句话，从大路行动，离开邪恶。

当我们想停下来明天再做的时候，我们要说这句话，并立刻行动，完成另一次推销。

只有行动才能决定我们在市场上的价值，要想提升我们的价值，就要加速我们的行动。我们要走到失败者怕走的地方去。

当失败者想休息的时候，我们要工作。

当失败者仍在沉默的时候，我们要说话。

当失败者在制订庞大的计划去访问一家客户的时候，我们却要访问 10 家能够买货品的客户。

当失败者说太迟的时候，我们要说已经做好了。

我们要只想着现在，明日是为懒人保留的工作日，而我们并不懒惰；明日是使邪恶变好的日子，而我们并不邪恶；明日是衰弱变强壮的日子，而我们并不衰弱；明日是失败者要成功的日子，而我们并不是一个失败者。

狮子饥饿的时候会吃，苍鹰渴的时候会喝，如果它们不采取行动的话，两者都会灭亡。

我们要饱食成功与富裕，我们渴望生活的幸福和心灵的宁静。如果我们不采取行动，就会在失败、贫困和彻夜失眠的生活中灭亡。

成功不会在等待中到来，财富也不会从地下冒出来，如果我们犹豫不决，她就会许配给别人，永远弃我们而去。

清理抱怨，清理行动障碍

如果你有了理想，就一定要行动。尽管在尝试的过程中可能会遇到障碍，但是请不要抱怨得不到上苍的偏爱，而是要努力坚持，继续追求梦想，这样，你才有机会获得成功。

史泰龙的父亲是一个赌徒，母亲是一个酒鬼。父亲赌输了，又打老婆又打他；母亲喝醉了也拿他出气发泄。他下定决心，要走一条与父母迥然不同的路，活出个人样来。他想到了当演员——当演员不需要过去的清名，不需要文凭，更不需要本钱，而一旦成功，却可以名利双收。但是他显然不具备演员的条件，长相就很难使人有信心，又没有接受过任何专业训练，没有经验，也无“天赋”的迹象。然而，“一定要成功”的驱动力，促使他认为，这是他今生今世唯一出头的机会、最后的成功可能。在成功之前，绝不放弃！于是，他来到好莱坞，找明星，找导演，找制片……找一切可能使他成为演员的人，四处哀求：“给我一次机会吧，我要当演员，我一定能成功！”

他一次又一次地被拒绝了。但他并不气馁，他知道，失败定有原因。每次被拒绝之后，他就把它当作是一次学习。一定要成功，痴心不改，又去找人……不幸得很，一晃两年过去了，钱花光了，他便在好莱坞打工，做些粗重的零活。两年来他遭到 1000 多次拒绝。

他想出了一个“迂回前进”的思路：先写剧本，待剧本被导演看中后，再要求当演员。1 年后，剧本写出来了，他又拿去遍访各位导演：“这个剧本怎么样，让我当男主角吧！”人们认为他的剧本挺好，但要让他当男主角是不可能的。他再一次被拒绝了。

“我一定要成功，也许下一次就行，再下一次……”

在他一共遭到1300多次拒绝后的一天，一个曾拒绝过他20多次的导演对他说："我不知道你是否能演好，但至少你的精神令我感动。我可以给你一次机会，但我要把你的剧本改成电视连续剧，同时，先只拍一集，就让你当男主角，看看效果再说。如果效果不好，你便从此断绝这个念头吧！"

结果第一集电视剧创下了当时全美最高收视纪录。从此，史泰龙也成为国际知名影星。

史泰龙的健身教练哥伦布医生曾这样评价他：

"史泰龙每做一件事都百分之百投入。他的意志、恒心与持久力都是令人惊叹的。他是一个行动家。他从来不呆坐着让事情发生——他主动地令事情发生。"

富兰克林说："把握今日等于拥有两倍的明日。"将今天该做的事拖延到明天，而即使到了明天也无法做好的人，占了大约一半以上。今日事，今日毕，才能成就大事。

歌德说："把握住现在的瞬间，从现在开始做起。只有勇敢的人身上才会赋有天才、能力和魅力。因此，只要坚持做下去就行，在实干的过程当中，你的心态会越来越成熟。有了开始，不久之后你的工作就可以顺利完成了。"

很多成功者真正的原因在于他们审时度势之后付诸行动的速度，这才是他们出类拔萃、真正成功的秘诀。什么事一旦决定，马上付诸实施是他们共同的本质，"现在就干，马上行动"是他们的口头禅。而如果在行动中，遭遇了一次失败，或者遇到了什么困难，就开始怨天尤人的人，是没有办法再集中精神，为了梦想全力以赴的。

抱怨是很消极的东西，一旦你产生了这样的情绪，你就开始失去了积极的动力，也就失去了全力以赴的信念。所以，在实现梦想的道路上，不管遇到什么困难，都不应该抱怨，而是要勇敢地面对，用坚定的行动获取成功。

让问题止于自己的行动

美国总统杜鲁门上任后，在自己的办公桌上摆了个牌子，上面写着“book of stop here”，翻译成中文是“问题到此为止”，意思就是说：“让自己负起责任来，不要把问题丢给别人。”把这句话引申到生活中，让问题止于自己，而不是把所有的过错都推给别人。大多数情况下，人们会对那些容易解决的事情负责，而把那些有难度的事情推给别人，这种思维常常会导致我们的失败。

美国钢铁大王安德鲁·卡内基年轻的时候，曾经在铁路公司做电报员。有一天正好他值班，突然收到了一封紧急电报，原来在附近的铁路上，有一列装满货物的火车出了轨道，要求上司通知所有要通过这条铁路的火车改变路线或者暂停运行，以免发生撞车事故。

因为是星期天，一连打了好几个电话，卡内基也找不到主管上司，眼看时间一分一秒地过去，而正有一辆列车驶向出事地点。此时，卡内基做了一个大胆的决定，他冒充上司给所有要经过这里的列车司机发出命令，让他们立即改变轨道。按照当时铁路公司的规定，电报员擅自冒用上级名义发报，唯一的处分就是立即开除。卡内基十分清楚这项规定，于是在发完命令后，就写了一封辞职信，放到了上司的办公桌上。

第二天，卡内基没有去上班，却接到了上司的电话。来到上司的办公室后，这位向来以严厉著称的上司当着卡内基的面将辞职信撕碎，微笑着对卡内基说：“由于我要调到公司的其他部门工作，我们已经决定由你担任这里的负责人。没有其他任何原因，只是因为你在正确的时机做了一个正确的选择。”

老板聘用一个人，给他一个职位，给予他与这个职位相应的权力，目的是让他完成与这个职位相应的工作，及时妥善地解决工作中出现的问题，而不是听他讲关于问题的长篇累牍的分析。

1999年，曾是美国第一大零售商的凯码特开始显露出走下坡路的迹象。有一个关于凯玛特的故事在广泛流传。

在1990年的凯玛特总结会上，一位高级经理认为自己犯了一个“错误”，他向坐在他身边的上司请示如何更正。这位上司不知道如何回答，便向上级请示：“我不知道，您看怎么办。”而上司的上司又转过身来，向他的上司请示。这样一个小小的问题，一直推到总经理帕金那里。帕金后来回忆说：“真是可笑，没有人积极思考解决问题的办法，而宁愿将问题一直推到最高领导那里。”2002年1月22日，凯玛特正式申请破产保护。凯玛特的破产跟很多管理和运作上的问题有关系，但更重要的是公司内部流行的“把问题留给老板”的办事作风。

美国肯塔基丰田装配厂的管理者迈克·达普里莱把丰田生产方式描述为三个层次：技术、制度和哲学。他说：“许多工厂装了紧急拉绳，如果出现问题，你可以拉动绳子让装配线停下来。5岁的孩子都能拉动这根绳，但是在丰田的工厂里，工人被灌输的哲学是，拉动这根绳子是一种耻辱，所以人人都仔细操作，不让生产线出现问题，所以那根绳子潜在的意义远远大于他的实际作用。”

在这里，是否拉动这根绳子，其实体现的是对待问题的态度。一个不把问题留给别人的人是不容许自己去拉动这样的紧急拉绳的，相反，他们会想尽所有的办法，让问题止于自己的行动。

在生活中，我们随时都可能遇到很多难题，这个时候如果自己不去解决，而是把所有的问题都推给别人，那么我们将一事无成。只有你积极地去解决问题，你才能有机会获得成功。

下篇

不失控的生活

第一章　情绪不失控，人生才不失控

情绪伴随我们一生

从我们生下来起，就不可避免地要和各种各样的情绪打交道。心中愉快时，我们就会开怀大笑；心中愤怒时，我们就会横眉瞪眼；心中伤感时，我们就会泣涕涟涟。这些都是情绪的表达，也是我们与生俱来的技能。情绪有时候会让我们十分苦恼，一些坏情绪扰乱了我们的行为与生活，也给我们自己带来很多负面影响。

这就是情绪，无论你是否喜欢，它都与你绑在一起，伴随我们每一个人的一生。它是客观事物是否符合人们需要、愿望、观点而产生的主观体验，也是对现实的反映，既体现了主体与客体的关系，也反映了主体对客体的态度、观点，如喜欢或厌恶等。

所以，情绪反应带有很强烈的个人色彩，每个人因外物而引起的情绪体验都是不同的。当你正在安静思考的时候，一声紧急的刹车声就有可能让你心生厌烦；但是换成另外一个人，他的情绪可能就不受这种外界的干扰，还是专注于思考中。

另外，人们在不同的时间段引发的情绪体验也会有不同。比如一个人在前一分钟可能还觉得桌子上摆着的盆栽很漂亮，但是下一分钟可能就会觉得它突兀又难看，原因可能就是他想起了一件让自己生气的事，导致心情一下子就变糟了。这种心情的突然转变在我们的生活中是常见的。又如第一次的失败让你觉得羞愧难当，情绪低落，但是下一次的失败你就可能很快地从低落情绪中走出，失败的经验多了，也许就不会对你的情绪产生负面影响。

情绪体验除了在各方面有所不同外，它还是会保持一定稳定性的，也就是形成我们所说的心境。关于“心境”一词，《辞海》上这样解释：心境，心情也。心境之好，使人悦，催人奋进；心境之坏，使人颓丧，茫然无措。当一个人处于持续的健康情绪中，心境自然而平和，他的整体心理状况必然是积极向上的。

但是，现在很多人无法保持心境的平静，尤其是在高压力高节奏的工作环境下，每个人的心情就像是6月的天空，瞬息万变。很多人容易被自己的情绪左右，结果不仅影响工作，还影响自己的身心健康。

我们与情绪朝夕相处、日日为伴，所以我们应该学会调整自己的情绪，使自己的心境保持在一个平和、极佳的状态。如果你现在面临困境，那么请保持乐观，将挫折视为鞭策你前进的动力，遇事多往好处想，多聆听自己的心声，努力在消极情绪中加入一些积极的思考。如果此刻你感到焦虑，那么就静下来理智地分析原因，冷静地恢复自信心，使自己振奋，摆脱主观臆断。如果此刻你感到抑郁，那么就可以用郊游、运动、与人交谈、读书写字、听音乐、看图画等，既能转移“视线”，又健康有益的活动，来放松你的身心，帮助你摆脱抑郁的束缚。

另外，情绪还对生命健康有很大的影响。当心情愉悦的时候，个人的精神、体力、想象力都达到了最佳状态。这个时候不仅在工作、生活上会觉得如鱼得水，而且还能化干戈为玉帛、化疾病为健康。如果在这个时候能把握住机遇，可能还会享受到成功的喜悦，从而让生命锦上添花。但是坏心情就不同，当个人情绪处于低迷消极期，不仅会觉得各种琐事、烦心事都汹涌而来，让你应接不暇、招架不住，而且会整天不自主地、愁眉苦脸地面对生活，不管做什么事情都不积极。此外，还会导致错误百出，经常跟别人发脾气，不愿意配合别人的工作，人际关系变得紧张，从而使心情更加消极抑郁。这时候的你，茶不思，饭不想，夜不寐，长此以往，这些负面的情绪很可能诱发各种疾病，你的健康也就会亮起红灯。

既然情绪是伴我们一生的朋友，我们就要学会控制自己的情绪，从而由渐悟到顿悟，让自己的心境修成正果。当然，我们还要学会呵护、调理好心情，不断滋润生命，让其更加丰盈、饱满，促使生命之花灿烂绽放。

1%的坏心情导致100%的失败

生活中，经常见到有人因情绪失控而发脾气，也经常见到有人因发脾气而把事情搞得一团糟。其实原因不是这个人的能力不行，这个人也不是缺乏沟通能力，而是因为这个人1%的坏心情，导致了最终100%的失败。

你可能不信这个结论，你认为这么说也许有点夸张。但不可否认，一个人的心情和手头所做的事情有着很紧密的联系，心情好，手头的事情相对能完成得更好，且质量较高；相反如果心绪不稳，总是左顾右盼，心慌意乱胡思乱想，根本就不把心思放在工作上，又怎能把事情做好呢？

美国石油大王洛克菲勒，就是一个能正确对待自己坏心情的阳光人士，他的对手则是相反。

法庭询问，对手律师明显怀有恶意，甚至有羞辱之嫌，想象一下，当时洛克菲勒的心情有多糟糕。如果他立刻发怒，必然掉入对方设计的陷阱之中。洛克菲勒很聪明，他明白控制自己的情绪有多重要，自己不能和对方的律师一样鲁莽，更不能让这种气愤有所流露。

“洛克菲勒先生，我要你把我写给你的那封信拿出来。”对方律师很粗暴。洛克菲勒知道，这封信里有很多有关美孚石油公司的内幕，这位律师根本没资格来问这件事。不过洛克菲勒先生并没进行反驳，只是静静地坐着，没有任何表示。

“洛克菲勒先生，这信是你接收的是吗？”法官开始发问。

“应该是的，法官先生。”

“你对那封信回复了吗？”

“我想没有。”

法官又拿出许多其他的信来，当场宣读。

“洛克菲勒先生，你能确认这些信皆是你接收的吗？”读完信之后，法官又问。

“应该是的，法官。”

“那你回复这些信件了吗？”

“我想我没有，法官。”

“为何你不回复那些信，你认识我的，不是吗？”对方律师开始插嘴。

“是的，我想我以前是认识你的。”

至此，洛克菲勒丝毫没有动怒，跟没事人一样。对方律师情绪已经坏到极点，开始暴跳如雷了。洛克菲勒还是坐在那儿丝毫不动，眼前的事情根本似乎就不存在，全庭寂静无声，只听到对方律师的咆哮声。

对方律师因为情绪失控，法庭上把真相不小心说漏了嘴，最终结果可想而知。而洛克菲勒不仅赢了官司，在美国人眼中还留下了一个很优雅的形象。

这位律师因为自己的暴怒情绪，而将自己弄得方寸大乱，很多言行都被情绪控制，而不是被头脑控制。这时的他就像一个掉线木偶，情绪受对手也就是洛克菲勒影响着，坏心情一点点扩大，最后把自己都赔了进去。

我们生活中有太多这样的例子，本来是很小的一点坏情绪，但自己不懂得该如何控制，最后造成难以挽回的错误。情绪的力量可见一斑。

当然，一个人也不可能像一根木头一样，没有情绪，没有思想，不可能永远都不发怒，不可能永远都能心情很好。可是当你要发怒的时候，你想过这样会产生什么样的后果吗？这样到底会不会损害你的利益？会不会动摇你在别人心目中的地位？如果你能真正意识这一点，真正明白发怒只能使事情搞砸，而绝对不能把事情完美解决的话，你肯定就会好好地约束自己的情感，好好地控制自己的情绪，这样也就能和石油大王洛克菲勒一样，轻而易举地打败对方。

我们为何会产生忧虑

忧虑是一种很复杂的情绪，是痛苦、愤怒、焦虑、悲哀、羞愧、冷漠等情绪复合交杂的结果。它是一种广泛的负面情绪，又是一种特殊的正常情绪。忧虑超过了正常界限就变为抑郁症，成了病态心理。由于每个人的心理素质不同，因此，忧虑有时间长短、程度强弱之分。

忧虑的核心表现就是郁郁寡欢，这样的人常常会无缘无故、莫名其妙地焦虑不安、苦闷伤感。如果再遇上环境刺激，就犹如“火上浇油”，进一步激发并加重忧愁和烦恼。大家所熟悉的《红楼梦》中的林黛玉，就属于这类带有忧虑情绪的人。林黛玉有着能让“落花满地鸟惊飞”的美貌，比传统美女的沉鱼落雁更富有情韵。而这样一个融古往今来之秀美，集仙界凡间之灵慧的标致人物，最后却因郁郁寡欢命丧黄泉。一般来讲，性格内向、心胸狭窄、任性固执、多愁善感、孤僻离群的人多带有忧虑倾向。

除此之外，忧虑的表现还可以是这样：有的人总觉得生不逢时，有一种“怀才不遇”的感觉，于是抱怨生活对自己不公平，觉得一切都不顺心、不满意；有的人将个人的利害关系、荣辱得失看得太重，为了一些微不足道的小事整日患得患失、忧心忡忡，以致心理疲劳，影响正常的工作、学习和生活；有的人甚至庸人自扰，整日担心这个，害怕那个，自寻烦恼。

有一位服装批发的商人，由于经营不善，赔进几笔生意，因此他整天心情郁闷，晚上总是睡不好觉。妻子见他终日愁眉不展，很是担心，就建议说去找心理医生看看。于是他前往医院。心理医生见他双眼布满血丝，就问他：“怎么了，是不是受失眠困扰？”商人说：“可不是嘛！”心理医生开导他说：“没有什么大不了的，你如果睡不着就数数绵羊吧！”商人道谢后离去。

过了一个星期，商人又来找心理医生。只见他双眼又红又肿，精神更加不好，心理医生很吃惊地说：“你照我的话去做了吗？”商人委屈地说：“当然呀！还数到3万多头呢！”

心理医生追问：“数了这么多，难道还无一点睡意？”商人回答：“本来困极了，但一想到3万多头绵羊能有多少毛呀，不剪了岂不可惜？就没有一点睡意了。”于是心理医生说：“剪完不就可以睡了？”商人叹了口气说：“头疼的问题又来了，这3万多头羊毛制成毛衣，要去哪儿找买主呀？想到这儿，我就更睡不着了！”

无论做人还是做事，我们都要想得长远一些。但有些事想得太远，就会造成太多的压力，烦恼也会随之而来，就像案例中那个失眠忧虑的人一样。因此，我们要学会静心，不牵挂那些不该牵挂的事情，这样才能获得轻松快乐的情绪。

科学家对人的忧虑进行了科学的量化、统计、分析，结果发现，忧虑是毫无必要的。统计表明，40%的忧虑是关于未来的事情，30%的忧虑是关于过去的事情，22%的忧虑是来自微不足道的小事，4%的忧虑是来自我们改变不了的事实，剩下4%的忧虑是来自那些我们正在做着的事情。

忧虑通常会使人心神不宁，进而精神失控。忧虑会使一个人老得更快，会摧毁他的容貌，甚至对其健康产生严重威胁。过度忧虑不可取。凡事退一步想，不要耿耿于怀。

当你忧心忡忡的时候，当你唉声叹气的时候，不妨把你的忧虑写下来。然后在科学家的分析中为自己的忧虑归类：它是属于40%的未来，30%的过去，22%的小事情，4%的无法改变的事实，还是剩下的那一个4%？

想要摆脱忧虑情绪，就要适时地安慰和劝导自己。无论是逃避问题，还是对问题过分执着，实际上只可能有两种情况。一种情况是问题并不像我们所想的那么糟，至少没有到无可挽回的地步。只要采取积极正确的态度，问题就会得到解决。这样，我们也就没有什么可忧虑的了。另一种情况是问题的确是超出了我们的能力所能解决的范围。对这种情况，我们就需要乐观一些，学会接受不可避免的事实，尽可能地控制住自己的情绪而不至于失控。

情绪负债多半由自己造成

对于人的来源，中西方各有说辞。在西方，人们认为世界上有上帝，人类是上帝的孩子；在中国，人们认为人类是女娲创造出的孩子。达尔文从科学的角度解释道：人类是动物进化而来的。尽管对于人类的起源有各种各样的说法，但今天的我们，是先天影响和后天作用共同形成的社会中的人。其中，后天的影响是人们产生情绪、表达情绪的重要因素。

人的心理结构大致都是相同的，都有喜怒哀乐。但是人生经历的不同，导致每个人心理形成因素不同，这就是为什么有人会说“相由心生”。人们在儿童时候都没有多大差异，除了先天的相貌问题，作为孩童的人们都爱玩、自由自在、无拘无束，不过，随着年龄的增长，人的差异开始逐渐显现。

当一个人情绪压力过大的时候，他的内心有种筋疲力尽的疲惫感，外在相貌就比较憔悴，显得未老先衰；当一个人生活稳定、情绪平和的时候，他就会表现得非常乐观，做事有条不紊、沉着从容，外在相貌就让人觉得比较舒坦。这些都与自己的经历有关系。

20 岁的年轻人永远装不出 60 岁老人的儒雅和智慧，60 岁的老人也不会有 20 岁的年轻人的活力和激情，这是必然的。然而，林肯总统评价一个人的时候说，一个人 30 岁之后就应该对自己的相貌负责。这其实是对个人修养提出的要求，尽管先天外在条件无法改变，但我们可以通过对后天素质的培养来展现自己的个人魅力。这就要求我们对个人情绪加以主观调控，不能随意地滥用情绪。

情绪是自然本能的感情反应，应当自由自在地去表达，想哭就哭，想笑就笑。只是，人生于社会，长于社会，要考虑到自己情绪发泄时别人的感受，需要有条件地去表达情绪。

现实中的人要受到社会的种种限制，无法做到真正的无拘无束。孔子所说的“不逾矩”，就是指一个人在行为处事中不能违反规矩。为什么人比其他动物高明，却要在现实中如此羁绊自己的情绪呢？为什么需要上学、受教育、压抑自己的情绪呢？

仔细分析一下就会知道，完全的自由实际上是不存在的，有限度的自由是对自由的最大保证。教育中的条条框框可以避免情绪的发泄失控，没有这种限制反而让人体会不到自由的美好。在情绪的生成和表达过程中，人们逐渐摆脱这些限制时，情绪负债就会慢慢解脱，这其实是一个螺旋式上升的发展过程。人们在情绪的负债过程中一方面受到压抑和限制，这可以防止情绪的不合理发泄；另一方面，在逐渐摆脱这种压抑和限制的过程中，可以使情绪获得更大的发泄空间。这正是人们走向自由的，痛苦却又必需的过程。

在生活中，每个人都需要担负起自己的责任，履行属于自己的义务，没有人能够替代自己去努力。对于情绪的负债亦是如此，我们必须对自己的情绪负债负责，而不能去逃避情绪或是随意发泄情绪。这是生活在社会中的人所必须遵守的基线。

我们如何摆脱情绪负债

人们从小开始便背负着许多情绪债务，这可能会影响他们的一生，情绪债务就像一把枷锁，无时无刻不在遏制我们的情绪。情绪是个人的情感要素，需要依靠自己来摆脱情绪负债，做出以下几个方面的改变。

第一，适当地控制自己的情绪。

“适当”，就是既不能过分抑制自己的情绪，又不能让自己的情绪任意释放。一方面，过分抑制自己的情绪而不释放，会造成情绪严重积压，到一定程度就会不可遏止地爆发出来。不爆发则已，一爆发就会完全失去控制，不可收拾。另一方面，也不能随意由着自己的情绪，任其自由释放。从来不顾别人的感受，任由自己情绪释放的人，到哪儿都将不受欢迎。这样容易导致交际障碍，从而产生很大的精神压力，甚至可能使人产生自闭症。因而，恰如其分地控制自己的情绪，既不要过分抑制，也不要任其释放，这样才不会有过多的心理负担，情绪才能有所缓解。

第二，学会改变自己的想法。

其实，有时情绪低落只是因为受某种想法的影响。如果从相反的角度去思考，可能就不会产生消极的想法，甚至还可能会极为高兴。学会从相反的角度看问题，改变自己的想法，那么，情绪或许会由消极变为积极。例如，许多人去市场购物，基本上都是先问遍价格，再选择性价比较高的商家。过后不久，当发现另外一个商家的同种商品比之前买的性价比高出很多，自己又会情不自禁地买下来。然后再好奇地问其他商家所卖的同种商品的价格，也许会发现还有性价比更高的商家。这时，你的心情也许会立刻变得非常懊恼，后悔自己急于购买。假如从另一角度来思考，也许自己所买的商品差价并不是很大，抑或商品的质量要比价格便宜的同种商品好很多，并且早点买还可以节省很多时间。这样想想，或许自己的心情就会好起来。想法改变，心情或许就能变好，情绪负债也会得到摆脱。

第三，遇到情绪问题多与人沟通。

很多人在背负情绪负债后，不愿意与他人沟通，其实和自己的朋友多聊一聊关于情绪的话题，有助于我们加深对情绪的了解，也有助于不良情绪的排解。

例如，很多人都会有因为工作压力大而发脾气的时候，不如就约上三两好友，把自己的压力和情绪大大方方地讲出来，你会发现，讲完之后，自己感觉轻松多了，而且朋友们之间还能分享到很多缓解压力的方法。下一次遇到相同的事情时，压力很快没有了，情绪也就不会积累了。

相反，那些不懂得与人沟通情绪问题的人，他们会越活越累，直到情绪负债把他们压垮。其实，有情绪问题是正常的，没有人会嘲笑你。

想彻底摆脱情绪负债，要做以上几个方面的改变。适当控制自己的情绪，避免在人际交往过程中，出现很大的情绪波动，影响交往，伤害他人，更伤害自己，甚至形成心理性疾病。学会改变自己的想法，让自己在看问题、处理事情的时候，产生积极的情绪，不钻牛角尖，不进入情绪低落的死胡同。处理好自己的情绪，不干涉别人的情绪，让彼此都能轻松自如地处理好自己的情绪。

第二章　不迷失，才能走出情绪的陷阱

理清负面情绪的罪魁祸首

正所谓一千个人心中有一千个哈姆雷特。人们在面对相同的事物时，会产生不同的情绪并且会采取不同的处理方式，这除了和每个人的学识、经历、习惯不同有关系以外，还与人的信念有着密切的关系。一些不合理的信念容易使人产生情绪困扰。一旦这些不合理的信念持续时间过长，就容易引发情绪障碍。

小张曾是李局长的下属，有一次他在街上闲逛，与李局长擦肩而过。他赶紧向李局长问好，李局长从他身边走了过去，并没和他打招呼。小张诚惶诚恐，他想，局长是不是因为上次开会时，自己持不同意见而怀恨在心，会不会故意跟他作对，让他难堪。于是小张陷入焦虑的情绪中无法平静。

隔天同样的事情又发生在了小王的身上。小王也是李局长的下属，和李局长在街上偶遇，李局长也没有打招呼。小王想，李局长估计是在思考其他的事情，没看到自己，或者虽然看到了自己，但有其他原因，才没打招呼。小王的心情并没有因这件事受到任何影响，依然开心地去做自己的事情。

上述案例在生活中颇为常见，对此，心理学上有这样一种解释：人们对事物的看法，很多情况下与人的情绪及行为反应有着极为密切的关系，也就是说，一个人情绪的产生主要受到他的信念主导。

在这一基础上，美国心理学家艾里斯提出的“情绪 ABC 理论”对这一作用做了进一步的阐述：人们处理问题的方式与情绪应对方式由其持有的信念所决定。

人们的信念各有不同，根据信念对人们行为的影响，可以分为合理的信念和不合理的信念。合理的信念能够引起人们对事物适当、适度的情绪和行为反应；不合理的信念则会导致不适当的情绪和行为反应。当人们坚持某些不合理的信念，长期处于不良的情绪状态之中时，最终将导致情绪障碍的产生。那么，如何区分信念合理不合理呢？心理学家提出 5 条标准来区分这两者。

信念 标准	合理信念	不合理信念
产生基础	客观事实	臆测成分
对自身影响	使自己愉快生活	使自己产生情绪困扰
关于实现目标	更快地实现目标	难以达到目标并因此苦恼
面对他人麻烦	不介入他人麻烦	介入他人麻烦
面对情绪冲突	阻止或很快消除	受情绪困扰时间较长

根据这些标准，心理学家又归纳了以下 10 种常见的易导致各种负面情绪的不合理信念，以下列出来供参考：

第一种称为绝对化信念，表现为总是以自己为中心，对事物发生或不发生，怀有确定的信念。

第二种称为灾难化信念，表现为主观认为某件不好的事情发生，并带来一系列糟糕甚至悲惨的后果，从而担心、恐惧、羞愧、自责。

第三种叫归己化，主要表现为，把外界许多消极事件的原因归结为自己，而实际上跟自己并没有直接必然的联系。

第四种叫先知错误，表现为总是担心不好的事情要发生，然后把这种担心当作事实，扰乱自己情绪。

第五种叫情绪推理，表现为“情绪决定一切”，总是把主观情绪当作自己判断事物的证据。

第六种称为消极推测，即开篇案例中小张的心理，总是主观臆想他人的心理，得出消极的结论，并对此深信不疑。

第七种称为贬低性信念，即习惯于对自己、他人或某个复杂的整体事物给予简单、负面的评价。

第八种是夸大与缩小，表现为对事物的判断总是不合时宜的夸大或缩小。

第九种称为过分概括化信息，即著名的白纸黑点理论，对于白纸上的黑点，因为总是只看到黑点，便否定整张白纸，对自己对他人都如此。

第十种是极端化理念，以绝对的是非对错来看待一件事，没有中间地带，又叫完美主义，用全有全无的方式思考问题。

前面已经提到，不良情绪产生的根源在于不合理的信念，针对以上的各种不合理信念，艾里斯提出了“合理情绪疗法”，通过发现并改变不合理信念来帮助人们远离不良情绪。

首先，检视自己行为，找出使自己陷入异常情绪的诱发事件。比如人际关系紧张、陷入经济困难，等等。

其次，回忆自己对该事件所持的观点，告诉自己，正是由于自己这些不合理的信念，才产生了不良情绪。要消除不良情绪，必须改变不合理的信念。

再次，寻找不合理信念对应的合理信念。然后两者对比，找到自身信念的不合理之处，用合理信念代替不合理信念。

最后，不断用行为方式强化合理信念。行为方式会促进合理信念的建立，并最终帮助自身树立起合理的思维方式，从根本上远离不良情绪。

认识到自身的不合理信念，是实施上述 4 步过程中的关键一步。认识之后还要准确地理解那些信念。平常可以把上述 10 种不合理信念与自身情况结合起来，以便达到更好的治疗效果。

告别“灾难化信念”

生活并不是时时都阳光灿烂，每个人都可能遇到阴霾，乌云之下，一片悲伤之色，面对困境，什么样的心理状态才算健康呢？

“灾难化信念”是指一种消极的心理与世界观，其表达方式是“这件事如果发生了，将是一件非常可怕的事”。

“灾难化信念”的思维方式由以下两个组成部分：部分“灾难化”成分和完整“灾难化”成分。可以举例来分析，例如“这件事发生了是非常可怕的”这是灾难化信念。它其实是两句话：“这件事发生了是令人沮丧的”和“因此，它是非常可怕的”。分解之后的第一句话是部分灾难化成分，而第二句则是完整的“灾难化”成分。

从句子的表达中，我们就可以看出“部分灾难化”并不是极端的，只是表达了一种沮丧的、糟糕的感觉，由此并不能逻辑地推导出“因此，它是非常可怕的”的结论。而这恰恰就是灾难化信念的不合理之处，它从根本上违背了逻辑原则，基于一个并不极端的前提得出一个极端的结论。

灾难化信念造成了我们思维运转的一种不正常模式，每当这种模式发生之后，我们就会难以避免地陷入各种负面情绪中，然后周而复始地遭受这些负面情绪的折磨。

卡瑞尔是一位有名的空气调节器工程师。他取得很多成就，也有过失败的教训。有一次，在工作中他发生重大失误，估计会给公司造成巨大的损失。这一发现就像晴天霹雳，使卡瑞尔痛苦万分，巨大的挫败感让他辗转难眠。

经历痛苦之后，卡瑞尔振作起来，他时刻提醒自己，悲伤和后悔毫无意义，必须要有所作为。他努力让自己平静下来，最终找到了排除忧虑、解决问题的方法。这个方法让卡瑞尔终身受益：

首先，静下心来。客观地分析整个事件，假如事件可能导致的最糟糕的结果，并找到自己所能够接受的更为糟糕的结果。卡瑞尔告诉自己，即使事情很棘手了，也不会有人能把我怎么样，我也不会死掉。

其次，充分弄清事件最坏的结果后，就要做好思想准备，勇敢地把它担当下来。对卡瑞尔来讲，失败虽然可能使自己失去这份工作。但谁没不完美的一面呢？工作丢了可以再找，当卡瑞尔这样想时，他的心理迅速发生了变化，重担与压抑没有了，取而代之的是轻松与舒畅。

最后，说服自己。平静下来，把全部的精力用到工作上，尽最大努力挽回损失。卡瑞尔不断地探索以减少可能带来的损失，最终公司不但没有任何损失，反而因本事件赢利 1.5 万美元。

故事中的卡瑞尔所采用的这一方法，就是后来帮助了无数人的“卡瑞尔公式”。虽然卡瑞尔也曾经陷入“灾难化信念”，痛苦、忧虑、夜不能寐，但是最终他走了出来，并成功地化解了这一危机。那么，对一般人而言，应该如何克服“灾难化信念”呢？

摆脱“灾难化信念”的根本方法在于建立“反灾难化信念”。与“灾难化信念”不同，“反灾难化信念”是站在客观的角度来看待事件与问题，用积极的心态面对事件产生的后果，像卡瑞尔那样冷静地分析之后，采取积极的行动，去最大限度地挽回可能产生的损失，从而避免陷入消极、沮丧等负面情绪之中。

通过分析“反灾难化信念”可以看出，它同样包括两部分，“部分灾难化”成分和非极端的“对灾难化否定评价”成分。由此可以看出“反灾难化信念”构成是合理的，它所包含的非极端的对灾难化进行否定评价的部分，与“部分灾难化”成分在逻辑上是一致的。

其表达方式是这样："发生这样的事情是糟糕的，但它不是不可接受的。"

用"反灾难化信念"替代"灾难化信念"，可以帮助人们更加客观、更加冷静地面对困境。实践起来可能会遇到各种的困难，以下的几种思维方法或许会有帮助：

方法	举例
用"即使"代替"万一"	"即使这家公司不录取我，我还可以再找工作，而且很可能比这家公司更好。"
把事物放在长远的时间观念当中	"多年以后哪怕半年以后，这件事看起来就不再那么糟糕了。"
好坏参半的思维方法	"如果我真的丢了工作，我可以休息一段时间，然后再找一份更好的工作。"
运用"卡瑞尔公式"	第一，最坏的情况是什么。 第二，说服自己，做好心理准备接受结果。 第三，冷静下来，尽全力改善可能出现的结果。
将事物放在对比的观念当中	"跟那些很糟糕的事情比起来，这又算什么呢？"
向他人学习如何面对糟糕的事	"他比我不幸多了，但依然乐观向上努力奋斗，我要向他学习。"
活在当下	"事情已经发生了，将会是什么结果谁也不知道，我唯一能做的就是把握好现在拥有的，尽全力改变我能改变的，接受我改变不了的。成功与失败都是人生的必修课。"

当我们真的按照上述方法来做的时候，就会发现它的奇特功效。告别"灾难化"信念没有我们想象的那么难，只要我们用

积极的心态去生活，正面的情绪反应过程就会慢慢形成，请相信自己！

情绪不是恶意发泄

日常工作中，每个人都会有情绪低落的时候。在上班之前遇到一件非常不愉快的事情，让你本来好好的心情一下子烟消云散；辛苦努力做出来的报表被老板指出很多的错误，心里不免有一些消极；接待的一个客户，态度非常恶劣，即使你微笑服务，他还是对你吹毛求疵，等等。诸如此类的事情，都是我们在生活中可能遇到的。

有的人在遇到这种事的时候，会不分场合任意地发泄，闹得大家都不开心。这样不仅影响自己的形象，也会影响周围的人，让他们不敢再跟你接近，使自己成了大家眼中的“林妹妹”。

静轩是某家外资企业的行政助理。人不但长得很漂亮，因为在公司里面年龄是最小的，所以大家都尽量帮助她。这样不但没有得到她的感激，反而让她变得越来越娇纵。

某次，公司要筹备一个庆祝活动，邀请公司总部的主要领导参加。组织筹划的任务安排给了静轩，指望她能把公司的活动办得体面又热闹。静轩果然不负众望，节目流程安排合理。但是，就在将要结束的时候，却发生了一件意想不到的事情。

公司的销售经理是个心直口快的人，指出了一些活动方面不尽如人意之处。平时静轩就不怎么喜欢这个经理，这时听了经理的话，心里更是气恼又反感，认为经理故意针对她，就跟经理大吵了起来。经理也觉委屈，明明是好意，竟然惹来了一顿臭骂。俩人的吵闹惊动了来参加活动的总部领导，于是，活动不得不中断。结果可想而知。静轩与经理吵闹让领导很下不来台，也受到了公司总部领导的严厉批评。因为影响公司形象，两人受到了扣除3个月工资的处罚。

其实，生活中的小摩擦不可避免。有些时候人们说的话并不是要故意羞辱某个人，只要相互谅解一下，好好地沟通一下，便可以避免不愉快。静轩的错误还在于，她没有眼力劲儿，只因为自己心里的不快，便随意发泄情绪，最后影响到了公司的正式活动。这样做非常不得体，最终她也尝到了苦果。

闹情绪可以理解，但是要看处在什么场合、什么关系。如果是恋人之间，偶尔闹闹情绪反而会增加彼此的了解，使感情更加深厚。但是如果是在职场，闹情绪是绝对不被认可的。英国诗人、思想家约翰·米尔顿说："一个人如果能够控制自己的激情、欲望和恐惧，他就胜过国王。"如果你无法控制你的负面情绪，那么不仅不利于你的事业发展，更不利于你在公司的人际关系。试想一下，谁会愿意跟一个不分场合闹情绪的人在一起工作呢？现代社会讲求的就是团队合作。没有人有责任或者义务来忍耐你、迁就你。不克制自己的情绪随便乱发脾气，只会让周围的人对你敬而远之，无法相互配合。

那么，我们该如何控制自己的情绪呢？

首先，避免急躁情绪，培养自己的忍性。

工作中遇到矛盾摩擦，最重要的不是自己的心里有多委屈，而是怎样找到一个合理的解决办法。不分场合地闹情绪只会耽误正事，弄得自己很疲惫。所以，遇到摩擦时，不妨冷静下来，考虑一下事情的轻重缓急。最好不要把事件的不良影响扩大化，最好能够冷静处理。相信事后属于你的权利会回到你身边，而你的印象分也会大大增加。

其次，不要把生活中的不愉快带到工作中。

有的人分不清工作和生活的界限。容易把生活中的小矛盾、小摩擦带到工作中来，或者容易把上一个项目的负面情绪带到下个工作中。这都是没有好好控制自己情绪的表现。情绪需要合理宣泄，就事论事，不要混为一谈。针对客户的投诉，除了冷静处理之外，还要合理地安抚一下自己的心情，不要把不愉快带到接下来的项目中，否则会影响到下一个项目的进程。当你感到自己情绪消沉或者沮丧的时候，可以用转移注意力的方法改变他，比如出去散散步，听听音乐，做做运动；也可以向知心的朋友哭诉一下；还可以写日记，或打个心理咨询热线，让自己的负面情绪宣泄出来。

最后，锻炼自己应对突发事件的能力。

工作中的负面情绪一般都是发生在出现问题之时。所以，要适当锻炼自己应对突发事件的能力，做到不惊不喜，从容应对。另外，你还可以培养自己时刻保持轻松的笑容的能力。有一家公司的老板，为了让职工工作时能面带笑容，便在下班之前的半个小时里，训练他们微笑。具体的方法是每人发一只筷子，横着咬在嘴里，固定好脸部表情后，将筷子取出。此时人的脸部基本维持在一个笑容的状态，再发出声音，就像是在笑了。要相信笑容可以战胜一切摩擦和困难。

如果你是一个追求事业进步的人，如果你想拥有一番成就，那么，从现在开始，不要随便闹情绪。要知道，管理好自己的情绪，才有可能管理好自己的人生。

给情绪找个合适的出口

每一个事物都有开始、延续和死亡，这是不可违背的自然规律。同样，情绪也是如此。世界上没有不可解决的事情，关键在于你怎么去看它。情绪由事情引起，而事情过后，冷静下来的你，往往会惊异自己当时怎么会有那样的反应与处理方式。为了让自己不后悔，我们应该抱有一颗豁达的心看待生活，冷静而理智地处理事情，控制自己的情绪。

大学毕业以后，李明应聘至某家公司做助理。刚开始，他很难受，因琐事特多，特别是老张、小李等人动不动就让他去打杂，他发无名火，觉得很没有尊严。他觉得他被当奴才使唤。不过，事后他一冷静，又觉得他们并没错，工作也就是这样。刚应聘进来，王经理也事先这么对他说过，但一旦涉及具体事，他情绪就有点失控。有时内心咬牙切齿，又要笑容可掬地向有关人员汇报说："已经做好了！"如此两面派角色，他自己都感到恶心。有几次，他与同事还争吵起来。自此，他的日子更不好过了，同事们都不爱理他，李明在公司感到空前的孤独。

有一天，女秘书小吴不在，王经理便点名叫李明到他办公室，整理办公桌并为他煮一杯咖啡。李明硬着头皮去了。王经理一眼就看出了李明的不满，便一针见血地说："觉得委屈是不是？你有才华，这点我信，但你必须从点滴做起。"

他叫李明先坐下来，聊聊近况。可是李明身旁没有椅子，他不知自己该坐在哪里，总不能与王经理并排在长条双人沙发上吧！

这时，王经理意味深长地说："心有不满的人，永远找不到一把舒服的椅子。"难得见王经理如此亲切慈祥，李明放松了很多。

弄好一杯咖啡后，李明开始整理王经理的桌子。桌上有一盆黄沙，细细柔柔的，泛着一种阳光般的色泽。李明觉得奇怪，想知道那盆黄沙是用来做什么的。

王经理看出他的心思。伸手抓了一把沙，握拳，黄沙从指缝间滑落，很美！王经理神秘地一笑："小伙子，你以为只有你心情不好，有脾气，其实，我跟你一样，但我已学会控制情绪……"

原来，那一盆黄沙是用来"消气"的。那是王经理的一位研究心理的朋友送的。一旦他想发火，可以抓抓沙子，这会舒缓自己紧张激动的情绪。朋友的这盆礼物，已伴他从青年走入中年，也教他从一个鲁莽少年、打工仔，成长为一名稳重、老练、理性的管理者。王经理说："先学会管理自己的情绪，才能管理好其他。"

与其情绪用事，伤了自己，不如像王经理一样，给情绪找个合适的出口，让负面情绪慢慢消失。生活在大千世界中的人，在性格、爱好、职业、习惯等诸方面存在着很大的差异，对事物、问题的认识与理解也不尽相同。因此，我们不能要求他人与自己一样，也不能一味地以自己的标准和经验来衡量他人的所作所为，要承认他人与自己的差别，并能容忍这种差别。不要企图去改变别人，这样做是徒劳的。当你生气的时候，你要提醒自己，不要做出会刺伤人家的心，而使自己后悔的事。要不然，你将会使自己在感情上"流血"。要知道，一个人之所以会受到恶劣情绪的影响，惹出大的伤害，不是因为所发生的事有多难，而是因为他对事情的看法以及处理事情的态度。

艾森豪威尔总统刚任军官时，曾有两个士兵时常争吵打架。他感觉这样会影响部队团结，却又不便强迫劝和。

一天，艾森豪威尔又见他们打架，便叫进自己办公室，对他们下达命令："你们必须把这玻璃窗擦好，一个擦外面，一个擦里面。”两位士兵心不甘情不愿，但也只好服从命令。

仇人见面分外眼红，你瞪我，我瞪你，脸上的表情十分古怪。慢慢地，看到对方丑陋的面孔，感觉自己也必定是一副令人可憎的面孔。于是，彼此冲动的情绪也就平复下来，想起刚才因些许小事而打架，实在没必要，最终两人终于隔着玻璃窗笑了，敌意全消，握手言和，成为好友。

这两个“仇人”士兵能真实地面对自己的情绪，因而也能让怒气在友好中终结。脾气将发未发的时候，如果你能够暂时抑制心中的怒火，冷静地想一想：别人做那些令自己愤怒的事，造成自己极大不愉快，是不是因为自己先做了令他们不满的事，他们才这样做，然后又引起自己气愤，造成“恶性循环”。如果你能这样及时反省一下，那么，你就不至于乱发脾气了。

人们常说：“凡事不能不认真，凡事不能太认真。”一件事情是否该认真，这要视场合而定。钻研学问要讲究认真，面对大是大非的问题更要讲究认真。脾气也不能随便发，如果真的要发，也要找对场合和时间。你如果能理智地后退一步，往往就能化干戈为玉帛。

情绪是人对事物的一种表面的、直接的、感性的情感反应，更是情感的最表面部分、最浮躁部分，任由情绪控制做事，结果一般不会很理想。情绪化是建立平常心的大敌。只有控制住自己的情绪，做自己情绪的主人，才能修炼良好的平常心态。

改变情绪就能等来转机

紧张忙碌的生活中，我们会看到许多自己想改变又无法改变的事实。例如，许多人都为早晨路上堵车而心生烦躁，然后一天都被负面情绪影响着，工作时也无法安心。像堵车这类既定事实还有很多，人们明明知道这些超出自己能力范围，却还是忍不住让负面情绪跑出来。说到底，还是根本观念没有转变。

有一名初入歌坛的歌手，他信心满满地把自制的录音带寄给某位知名制作人。之后，就日夜守候在电话机旁等候回音。

第一天，他满怀期望，情绪极好，逢人就大谈抱负。第十七天，因情况不明，他情绪起伏，胡乱骂人。第三十七天，因前程未卜，他情绪低落，闷不吭声。第五十七天，因期望落空，他情绪坏透了，抓起电话就骂人。没承想电话正是那位知名制作人打来的。他因此而毁了希望，断了前程。

年轻人渴望成功的心情没有错，但是成功不可能一蹴而就，需要机遇，更需要等待，这是一个不可改变的事实。在面对这种事实时，如果我们像那位年轻人一样不能控制好情绪，就会连机会也断送掉。所以，不要小看负面情绪的危害，更不要小看控制情绪的重要性。

某位很有名气的心理学老师，一天给学生上课，拿出一只非常精美的咖啡杯。学生们正赞美这只杯子造型独特时，老师故意装出失手的样子，咖啡杯掉在地上摔成了碎片，学生中不断发出惋惜声。老师指着咖啡杯的碎片说："你们一定为这只杯子的破碎感到惋惜，可这种惋惜无法使咖啡杯恢复原形。假如今后你们的生活中发生了无可挽回的事，请记住这只破碎的咖啡杯。"

一堂很成功的素质教育课结束了，通过摔碎的咖啡杯学生们懂得了，无法改变失败和不幸的厄运时，我们要学会承受与适应。

世界剧坛女王的拉莎·贝纳尔，就是这位心理学老师的得意弟子。在横渡大西洋途中，她曾突遇风暴，不幸滚落在甲板上，足部受了重伤。当被推进手术室，她面临锯腿的厄运时，她突然念起自己所演过的一段台词。记者们以为她是缓解自己的紧张情绪，可是她说："不是的！是为了给医生和护士们打气。瞧，他们不是太正儿八经了吗？"

手术成功后，拉莎不能再演戏了，但她还能讲演。拉莎的讲演使她的戏迷再次为她鼓掌。

拉莎·贝纳尔在面对无法抗拒的灾难时，能跳出焦虑、悲伤的情绪圈子而又跨上一个新的里程，这就是她的情绪"转换器"在起作用。

任何人遇上灾难，情绪都会受到影响。面对无力改变的不幸，我们要学会操纵好情绪"转换器"，学会安慰自我，忘掉它，一切都会过去。在面对生活的沙漠时，有人会自暴自弃，任负面情绪徘徊在心间，最后被渴死；有人却会积极地调整自己的情绪，坚持自己的信念，最后走出沙漠，走出困境。

人太渺小，世界太大，所以不要妄想去改变，以健康良好的情绪面对生活，才是最重要的。

第三章　失控的世界，好情绪帮你打开另一扇窗

事情没有你想象的那么糟

人的一生不可能永远一帆风顺，大部分时间都是平淡的，还有不少时间是灰暗的。这些灰暗的日子被我们称之为“苦难”，是人这一生必经的过程。面对苦难，每个人的承受能力不同，会表达不同程度的情绪。有些人可以乐观应对，有些人却陷于其中不能自拔。乐观者，往往能以积极的心态看待问题，这样不仅可以使自己心情愉悦，而且正视问题的同时，也可以使问题得到妥善解决。悲观者，总是感慨命运的不济，认为自己是最不幸的人，这样不仅不能解决问题，而且会加剧自己的痛苦。

很多刚刚步入社会的年轻人，自身的经验、才能都尚在成长之中，情绪容易受外界影响，加上社会上竞争激烈，各个用人单位对人才的要求不尽相同，面试遭淘汰，或者工作不适被辞退，这都是很正常的事情，我们不必为此耿耿于怀。只要我们相信自己，时刻提起精气神，终会有“柳暗花明又一村”的新景象等着我们。因为当生活把苦难带给我们时，往往会给我们推开了另一扇窗，所以事情并没有你想象的那么糟，也就不必过分放大自己的负面情绪。让我们学着用积极的态度去面对苦难，在苦难中学习，在苦难中成长。而越过这个苦难的过程，就变成一生弥足珍贵的记忆。

茜娅在维伦公司任高级主管，待遇丰厚。很久以来，她都为去什么地方度假而烦恼。然而情况很快就变得糟糕起来，为了应对激烈的角逐，公司开始裁员，而茜娅也在裁员之列。那年，她 43 岁。

“在学校我一直表现不错，”她对好友墨菲说，“就是没哪一项特别突出。我后来开始从事市场销售。在30岁时，我加入那家大公司，担任高级主管。以为一切都会好起来，在43岁时，我却失业了。感觉就像有人给了我鼻子一拳。”她接着说，“感觉糟糕透了。”茜娅似乎又回到了那段灰暗的日子，语气沉重了许多。

“开始，我不能接受自己失业。躲家里，不敢出门，因为每每看到忙碌的人们，我都觉得自己没用，脾气也越来越大，孩子也越来越怕我。就在这时，转机却出现了。失业一个月后，出版界的一位朋友询问我，怎样向化妆业出售广告。对于我擅长的东西，我重新找到了方向：向很多上市公司提供建议，出谋划策。”两年后，茜娅已经开办了自己的咨询公司。她不再打工，而是成了一位老板，收入自然也多了很多。

“被裁员是糟糕的事情，但那绝对不应是地狱。对你自己来说，还是一个改变命运的机会，就像现在的我。重要的是如何看待。我记得那句名言‘世上没有失败，只有暂时的不成功’。”茜娅真诚地对墨菲说。

相信任何人在面临茜娅那样被裁员的遭遇时，都会苦恼不已，沉浸在低迷的情绪状态中。但是只要迅速地调整心态，或许，转个弯就能找到另一条出路，获得成功。

像茜娅那样，即使被单位解聘淘汰了也不用太过于计较，走过去，前面将有更光明的一片天空等着我们。回想一下，我们在遭遇困难与痛苦时，是否总是认为自己根本无力承担，更没有办法去解决？

海伦・凯勒曾经说过：“当一扇幸福的门关起的时候，另一扇幸福的门会因此开启。但是，我们经常看着这扇关闭的大门太久，而没有注意到那扇已经为我们开启的幸福之门。”这正是上帝在以另一种方式告诉我们，我们未尽其才。“天生我材必有用”，不如“天生我材自己用”，社会不残酷不足以激发我们的生命力，竞争不激烈不足以显示我们的战斗力。

困难中往往孕育着希望

有人说，从绝望中寻找希望，人生终将辉煌。在人的一生中，积极的情绪是一种有效的心理工具，是把握自己命运的必备素质。如果你认为自己能够发挥潜能，那么积极的情绪便会使你产生力量和勇气，从而让你如愿以偿。

千万不要把事情想象得那么糟糕，也许明天早晨它就会有转机。这是所有成功的人给我们留下的忠告。成大事者必须要在情绪低落的时候，能激发出自己的积极情绪，从而取得成功。

人的一生中，难免会遇到各种各样的困难，总会遇到一些不称心的人、不如意的事。此时，应该以什么样的心态面对这一切呢？如果你有快乐而又自信的好习惯，那么这些困难、不好的事情就会得到很好的解决。

看一看这个故事吧：

美国联合保险公司有一位名叫艾伦的推销员，他特别想当公司的高级推销员。他不断从励志书和杂志中培养积极的心态。当他真的陷入了困境，这成了对他平时进行积极心态训练的一次考验。

一个寒冷的冬天，艾伦在威斯康星州某个街区推销保险单，却一次也没成功。他对自己很不满意，但这是积极心态下的不满。

第二天，在出发之前艾伦对同事讲述了自己昨天的失败，并对他们说：“你们等着，今天我会再次拜访他们，我相信会售出比你们售出总和还要多的保险单。”带着这种心态，艾伦回到那个街区，再次访问了前一天同他谈过话的那些人，结果售出66张新的事故保险单。这确实很了不起，而这个成绩是他所处的困境带来的。因在此之前，他在风雪交加的天气里，曾挨家挨户走了8个多小时而一无所获，然而艾伦能够把这种对大多数人来说都会感受到的沮丧，变成激励自己的动力，结果终于如愿以偿。

这个故事要告诉我们的是：人生充满了选择，而生活的态度就是一切。你用什么样的态度对待你的人生，生活就会以什么样的态度来对待你。你消极，生活便会暗淡；你积极向上，生活就会给你许多快乐。

人们遭到严重的（或一定的）挫折以后，产生诸如失落、无奈、困惑等情绪，便会对自己的未来失去信心，处于牢骚满腹的心理状况，于是老气横秋、怨天怨地、长吁短叹。这些本是一些力不从心的老年人的“专利”。血气方刚，本应开拓事业、享受美好时光的年轻人，却也沾上了这个毛病，最终未老先衰，失去青春的活力，失去人生的乐趣。

只有正确地对待生活，保持良好的情绪，才能克服以上所提到的困难，快乐地生活。

要拥有正确的心态，还要对自己的未来负责。给自己一些压力，以求发展，如果一个人有了强大的“实力”，他选择和发展的机会就会增大。那么生活中就会少一些忧愁，多一些快乐。

当你的意识告诉你“完了，没有希望了”，你的潜意识也就会告诉你，“绝处可以逢生，在绝望中也能抓住希望，在黑暗中总有一点光明”，不错，黎明前的夜是最黑的，但只要我们在纯黑的夜中能看到一线曙光，那么，我们就要相信光明总会到来，事情总会有转机，不要消沉，不要一蹶不振，相信大雨过后天更蓝。要抱有积极的情绪，要相信船到桥头自然直。

在不如意的人生中好好活着

有人说，人的一生只有三件事。一件是“自己的事”；一件是“别人的事”；一件是“老天爷的事”。今天是何种情绪状态，开不开心，难不难过，皆由自己决定。别人有了难题，他人故意刁难，对你的好心施以恶言，别人主导的事与自己无关。天气如何，狂风暴雨，山石崩塌，人力所不能及的事，只能是“谋事在人，成事在天”，过于烦恼，也是于事无补。

人屈服于自己的情绪之下，只是因为，人总是忘了自己的事，爱管别人的事，担心老天的事。所以要轻松自在很简单：打理好“自己的事”，不去管“别人的事”，不操心“老天爷的事”。快乐才会源源不断。

大热天，禅院里的花被晒焉了。“快浇点水吧！”小和尚喊。他提了桶水来。“别急！”老和尚说，“现在太阳暴晒，一冷一热，太容易死了，等晚点再浇。”

傍晚，花已经成了“霉干菜”的样子。“不早浇……”小和尚咕咕哝哝地说，“一定干死了，怎么浇也活不了。”

老和尚指示小和尚浇水。水浇完，没多久，已经垂下去的花，居然全站起来了，而且生机盎然。

“天哪！”小和尚喊，“真厉害，这些花憋在那儿，撑着不死。”

老和尚纠正说：“不是撑着不死，而是好好活着。”

“这有什么不同呢？”小和尚低下头，十分不理解。

“当然不同。”老和尚拍拍小和尚的头，“我问你，我今年已经80多了，是撑着不死，还是好好活着呢？”

小和尚沉思起来。

晚课完了，老和尚把小和尚叫到面前，问：“怎么样？想通了没？”

“没有。”小和尚摇着头。

老和尚严肃地说：“一天到晚总是怕死的人，是撑着不死；那天都向前看的人，是好好活着；活一天，就要好好过一天。活着的时候天天因为怕死而拜佛烧香，巴望死后能成佛的人，是绝对成不了佛的。”

说到这里，老和尚笑笑：“今生能好好过，却没能好好过，老天又何必给他死后更好的生活？”

对于禅院里的花来说，“没浇水”虽然很不如意，但那是和尚的事，“好好生长”才是它自己的事。这盆拥有积极情绪的花，得一天寿命，便好好过一天，真正理解了生命的意义。

哀莫大于心死，撑着活其实就是已经心死。生活在这个世界上的时候都没有领悟何为真生命，还能指望他在死后有全新的生活吗？

生活在我们周围的人，包括我们自己，在遇到不如意的事情时，都会为自己的过错而痛悔，人非圣贤，孰能无过？如果一有过错，就终日沉浸在无尽的自责、哀怨、痛悔之中，那么人生的境况就会像泰戈尔所说的那样：“不仅失去了正午的太阳，而且将失去夜晚的群星。”

其实生活就是一件艺术品，每个人都有自己认为最美的一笔，每个人也都有自己认为不尽如人意的一笔，关键在于你怎样看待。有烦恼的人生才是最真实的，同样，能认真对待你眼前的各种纷扰的人生才是最舒坦的。

热情真诚为你赢得附加值

世界从来就有美丽和兴奋的存在，它本身就是如此动人，如此令人神往。所以我们必须对它敏感，努力捕捉到让自己具备积极情绪的能量，永远也不要让自己失去那份对生活应有的热忱。

西塞罗说得好："做人如同制酒，坏酒禁不住时间的考验，容易变酸发臭，而好酒却会更显芳香。一旦拥有了热忱，我们就能够在满头银发时，依然保持心灵上的年轻，正如墨西哥湾过来的北大西洋暖流滋润了北欧的土地一样。"

卡耐基说过，一个年轻人最让人无法抵御的魅力，就在于他满腔的热忱。年轻人的积极情绪，总会像磁场一样吸引着快乐向他走来。在年轻人的眼里，未来只有光明，没有黑暗，即使会遇到险境，最终也可以转危为安。他相信，人类历史过程中所有的劳作，都是为了等待他的出现，等待他成为真善美的使者。

永丰栈牙医诊所是一家标榜"快乐看牙"的诊所，院长吕晓鸣医师说："看牙一定痛苦吗？我们就是想开一个让患者快乐、满足的牙医诊所。"这样的态度，加上细心地考虑患者的需求，让永丰栈牙医诊所脱颖而出。

顾客一进门，迎面而来的是30平方米的舒适的等待区。看牙之前，在轻柔的音乐中，惬意地坐在沙发上，可以饮一杯浓浓的咖啡。

进入看牙过程，可以感受到硬件设计的贴心：会诊间都一律设有空气清洁机。漱口水是经过逆渗透处理的纯水，凡是第一次挂号，医生一定会替患者拍下牙齿的全景X光片，最后还免费洗牙。一家人来，甚至还有供全家一起看牙的特别室。软件方面，患者一漱口，女助理立即体贴地为患者拭干嘴角。拔牙或开刀后，当天晚上，医生或助理一定会打电话到患者家中询问病人的状况。

有位残障人士到永丰栈牙医诊所拔牙，晚上回家正洗澡，听到电话铃声，艰难地爬到客厅接电话。听到是永丰栈关心的电话，他激动说："我一直被人忽视，从没有人这样关心过我。"

从开始就想提供令患者感动的服务，吕晓鸣院长热情洋溢的态度赢得了市场，也拥有了竞争力，在同行业中提升了他们的影响力。诊所虽然位于商业大楼的6楼，但从开业就吸引了媒体的竞相报道，甚至有客人特意从家乡来到城里来看诊。

吕晓鸣的热情和真诚深深感染了别人，使得看牙医这件事变得快乐。同时，他令人感动的就医服务，为他赢得了市场，增强了自己的竞争力，创造出了牙医的附加值。

我们当中的很多人都觉得身边的人对待自己总是很冷漠，社会上根本没有什么人情可言，感受不到正向的情绪力量，只觉得恐慌。但是，你有没有想过，自己可能就是产生冷漠情绪的根源，如果我们不对别人表示自己热情的微笑，别人又怎么能感受到你内心火一般的热情呢？

我们的情绪是可以调整的，我们的态度是可以改变的。保持一颗热情的心，你就会像一支火炬，感染着身边的每一个人。

成功学的创始人——拿破仑·希尔指出，若你能保有一颗热忱之心，那是会给你带来奇迹的。热忱是富足的阳光，它可以化腐朽为神奇，给你温暖，给你自信，让你对世界充满积极的情绪力量。

放飞自己，你也有最美的羽毛

人的一生中会遇到各种各样的困难和挫折，逃避是解决不了问题的，唯有以乐观、热忱的态度去迎接生活的挑战。

无论是谁，心中都会有一些热忱，而那些渴望成功的人们的内心世界更像火焰一样在熊熊燃烧，这种热忱实际上是一种可贵的能量。即使两个人具有完全相同的才能，更具热情的那个人必定会取得更大的成就。

戴尔·卡耐基是生活的强者。他不但克服了自己生活中的各种障碍，而且在自己的演讲生涯中创造了不凡的业绩。

戴尔·卡耐基在生活中始终充满乐观情绪。一次次的失败不仅没有击倒他，反而增强了他与困难斗争的信心、勇气、力量和经验。他乐观热忱的精神感染着周围的人，他的朋友、同学和学生，就是只见过他一面的人，也会被他的精神所鼓舞。

在课堂上，戴尔·卡耐基比较喜欢引用这样的人生名言："我愈老愈更加确认热忱是胜利的秘诀。成功的人和失败的人在技术、能力和智慧上的差别并不大，拥有热忱的人，将会拥有更多如愿以偿的机会。能力不够，但如果具备热忱，往往会胜过能力比自己强却缺乏热忱的人。"卡耐基感觉这句话清晰地反映了自己的观点，在总结前人的基础上，把热忱注入了学员的灵魂。

生活需要热情，工作需要热情，就像人类需要阳光一样。伸出我们的双手，用热情去创造一个新的天地。热情是一种执着，更是一种乐观，一个拥有热情的人，便有了原动力。他就能跨越任何困难和折磨，攀上辉煌的高峰。

社会环境是复杂的，它不仅使你尝到生活的幸福、甜美，也让你领略一些艰辛，迫使你经受各种各样困苦的磨难和打击。面对这种情况，一些感情脆弱、意志不坚强的人，在心理上就会产生矛盾，变得动摇和厌烦，甚至看破"红尘"。于是生活的热情被压抑，原有的理想、信念统统被扔掉了，人们的敏感和理想化往往会使他们转到另一个极端——变得冷漠无情、万念俱灰。其实，社会本来就是个五颜六色的大拼盘，人生道路不可能总是一帆风顺，只要你心中激情不息，希望就不会失去，光明终会到来。

第四章　掌控好情绪，你才是情绪真正的主人

以目标的形式改进情绪问题

人类之所以能够成为万物之王，摆脱原始的动物性，创造出文明世界，是因为人类有自我控制情绪和行为的能力。控制自己的不健康的负面情绪，并将其转换为健康的情绪，是自控能力的重要体现。

情绪的产生具有偶然性。由于人所处的环境是不断变化的，身边发生的事情也是随机的，导致情绪的刺激源也是偶发性的。情绪的产生又具有必然性。由于人的情绪模式已经形成，在出现相同的刺激源时，情绪模式会以极快的速度开启并做出反应，导致了必然的结果。由此可见，要做到自我情绪控制，必须要先了解自己的情绪模式，这一过程可以分解为两个具体步骤——发现情绪问题、订立改进目标。

步骤一，发现情绪问题。我们对情绪问题的定义，主要集中在不健康的负面情绪方面。我们的重点观察对象为产生不健康的负面情绪的环境类型，诱发不健康的负面情绪的原因，及其产生的不健康的负面情绪和导致的非建设性的行为。

发现自我的情绪问题可以是方方面面的，例如：

公司过几天要进行中层干部竞聘上岗了，你认为自己不如那些年资相仿的竞争对手，这让你焦虑不安，使你整整一星期都在过度准备竞聘材料和演说词。

女儿学习成绩又下降了，你认为这都是因为自己忙于工作很少管她造成的。因此感到很内疚，但又无计可施，只能在深夜

拼命地喝酒。

当同一办公室的女同事穿了新衣服，得到同事夸奖时，你会认为自己身材臃肿，穿什么都不好看，从而感到抑郁，逃避和同事正面接触的机会。

当爱人承诺自己一件事情，结果却食言的时候，会觉得他不爱自己，感到很受伤，对婚姻很无望，继而会展开持续数天的家庭冷战。

情绪模式的形成是日积月累的，不健康的负面情绪诱因总是反复出现。而在同样的诱因下，人们很可能会遇到同样的现实问题的困扰，产生相似的不健康的负面情绪，随之而来的就是采取相似的无建设性的行为或是“意愿中”的行为去解决问题。尽管每次的表现形式或许会有差别，但是作为一种模式，这种连锁反应被固化了下来。

步骤二，订立改进目标。清楚地察觉到了自己的情绪模式问题后，就可以着手订立解决问题的改进目标。在此过程中，我们需要克服自身的心理问题，将不健康的负面情绪转换为健康的负面情绪；在结果上，力求达到用建设性的行为替代非建设性的行为。

继续本文上面的例子，我们可以如此设定目标：

公司过几天要进行中层干部竞聘上岗了，你希望自己能够为此担心而不是焦虑，能够尽量充分地准备竞聘材料就好。你的现实目标是尽自己最大的能力去参与，成功与否都权当学习。

女儿学习成绩又下降了，你希望感到懊悔而不是内疚，积极寻找平衡工作和家庭的方法而不是酗酒。你的现实目标是增强自己平衡工作家庭关系的能力。

当同一办公室的女同事穿了新衣服得到同事夸奖时，你希望感到悲伤而不是抑郁，能够自然地与同事交往而不是逃避。你的现实目标是在不影响身心健康的前提下，适当减肥并增强自信心。

当爱人承诺我一件事情却食言的时候，希望感到悲哀而不是受伤。你要耐心询问他食言的原因是什么，并尽量体谅他的难处。你的现实目标是放宽心胸，培养和谐的家庭关系。

发现情绪问题和订立改进目标二者之间是相辅相成、缺一不可的关系，下面的图表能够更加直观地显示这一关系：

情绪诱因	受到同事指责
面临的困境	认为同事不尊重我
不健康的负面情绪	我感到不健康的愤怒
非建设性行为	立刻反唇相讥，揭露对方短处
建设性行为	接受批评并询问对方自己错在何处
目标	正视批评，提高自我

在设定改进目标的过程中应当注意几点：一是量体裁衣，制定适合自己的目标。在订立目标时切忌好大喜功，以希望的形式而不是必需的形式要求自己，避免增加自己的心理负担。二是做好未能完成既定目标的心理准备。冰冻三尺非一日之寒，情绪模式的形成是一个日积月累的过程，改变它也非一朝一夕能够完成的任务。

相信只要不断尝试，就能够越来越接近目标，即便目标未能达到，也要以一颗平常心对待它。

稳定的情绪为你的决策加分

很多人有极好的头脑，有专业的学识，却依然和成功失之交臂。这都是源于他们在关键时刻没有稳定的情绪，那么就算另外两项再厉害，有了情绪控制这块短板，也无法做出正确的判断，也就无法成功。

如果我们要保证自己不出现决策上的错误，一定要用自己强大的意念去控制情绪，而不能让情绪控制自己，要用冷静而理性的判断来展现你的实力。

王华是一位视工作如生命的人，平常没有时间陪伴孩子和家人。由于长期跟儿子缺乏沟通，儿子在家不听他的话，在学校惹事，老师总往家里打电话。一天，王华刚到公司，老师的电话就追过来了，说他儿子在学校又跟人打架了，而且很严重，把一个同学打得头破血流，并且住院了。

王华赶到学校，见到儿子的一瞬间，他感觉全身的血液直冲到脑门，一脚把儿子踹出去半米，吼道："到底想干什么？你不想上学给我滚回家。"儿子不服："我想怎样就怎样！"

王华气急败坏地将儿子拖回家，关进房间。这时助理打电话说有个客户要求去工厂参观，然后再做决定。正在气头上的王华吼道："他们不是参观过一次了吗？还想看什么啊？"说完就挂电话关机。

第二天，王华来到公司，才发现昨天做了一个错误的决定。客户听完电话，毅然取消了协议。助理想再联系王华，王华已经关机。事后，王华后悔已晚了。

王华在不理性的状态下做了不理性的决定，后果是惨重的，所以尽量不要在情绪不佳的时候做决定。

要想做出准确而成功的决定，首先要学会抵御负面情绪的困扰。

任何一个人都不会随随便便成功，通往成功的道路上总是布满荆棘。成功的人，他们真的能力超群，智商180吗？其实也未必。

杰出人士往往有着超强的心理素质，能够轻而易举地调控自己的情绪。即使是在最危急的时刻，也能保持冷静、心存希望，做出正确的决策，从而化险为夷。时刻保持心情舒畅，不以物喜，不以己悲，方能在危急之中显英明。

当然，世界上也没有无缘无故的失败。失败往往是负面情绪的恶性循环。遇事不顺时，失败者往往怨天尤人，意志消沉；抑或怒气冲冲，乱做决定。任凭自己的负面情绪肆意发展，眼睁睁地看着将要到手的事物溜走。偶尔取得一点成就，他们就得意忘形，目中无人，令人心生厌烦，使成功之路徒增障碍。

是非成败往往在人的一念之间，而情绪是影响人的想法的主要因素。因此，合理控制自己的情绪，是人生道路上首先应该学会的一课。怎样在情绪不佳时做出明智的决定呢？以下是处理不良情绪时的注意事项：

1. 不可操之过急

遇事顺其自然，不可操之过急，车到山前必有路，船到桥头自然直。就像是，你做一道证明题，一环扣一环，环环相扣才正确。一口吃不成胖子，事情总有其发展的规律，不能破坏。

2. 在气头上时，先从一数到一百

尽量不要在自己气急败坏的时候做任何决定。人犯错误往往是因一时感性而起，这时的你就像恋爱中的女人——智商为零。情绪不佳时，从一数到一百，等自己慢慢平复到正常水平时再做决定。

3. 不要受他人情绪影响

有的时候，我们会受到他人情绪的影响。别人的一句话、一个眼神可能都会使我们的情绪由高转低，或由低转高。所以，自己一定要对他人的言行有一个清醒的认识，切忌偏听偏信，要有自我的判断。

4. 切莫得意忘形

乐极而悲，悲极生乐。说明大喜大悲时，人的心情都处在不正常的状态下，这种时候做出的决定往往不是最正确的。得意而忘形，忘形之下，人的防备心、思考力就会下降，此时不宜做决定，以免增加犯错误的概率。

不断做出正确决策从而实现最终目标，而在不良情绪下做出的不理性决策则往往导致失败。要避免任何一种可能导致自己失败的不良情绪，如果产生不良情绪，要及时阻止它的蔓延。

不要被小事拖入情绪低谷

工作中，使人分心的原因有很多，如发生突发状况。本来自己已经计划好了工作程序和工作时间，然而正当自己有条不紊地准备开始工作的时候，发生了一些突发状况，打乱了自己的计划，使工作不得不延期。此时，人的情绪就会十分低落，产生强烈的挫败感。

童先生在某公司任职，工作中总无法集中精力，这种情况一直困扰着他，造成他工作效率很低。于是，他求助于心理专家。专家对他的生活、工作进行了解分析后，认为使童先生分心的原因就是嘈杂的工作环境。公司的人说话声音大，进出他办公室的人多且频繁，这样童先生没法集中思考。对此专家给他提议。比如，思考问题，可以选择一个较安静的地方，如会议室、图书馆或市郊的公寓里。这些地方有助于集中精力，思考问题。如果这些地方不是很容易找到，也可以在办公室悬挂一张“勿扰”的警示牌。

不仅是童先生，我们每个人在工作中都会遇到相似的问题。这些干扰，不仅会影响你的情绪，也会使你的工作效率降低。所以，干扰已经成为困扰工作人士的一个十分普遍且不好解决的问题。

调查显示，办公室干扰的另一大因素是泛滥成灾的纸张，政府机关、事业单位这种问题尤为突出。到处都是文件、书籍、报告等文本，其中大多数都是无用的纸张。这些纸张在填满办公室的同时，也将你的视野填满，使你的视野变得狭窄，情绪也会随之变糟。

最常见的使人无法集中精力的原因中，有办公室内嘈杂的环境，同事的大声喧哗，老板的呵斥声，等等，这些都会影响情绪。可以用以下方法排除琐事对情绪的干扰：

1. 清理你的办公室

如果你的办公室被各种纸张填满，那么你应该尽快整理一下。可以先将有用的部分挑选出来，再将特别重要但不常用的资料保存起来，而将常用的且相对重要的文件，放在容易看到的地方。至于短时间内无法翻阅的书籍，就要放入抽屉或是柜子里，等有时间时再浏览。最后，就可以将挑选剩下的纸张捆扎起来扔掉或是卖掉了。这样不仅可以更好地利用办公室的空间，也可以开阔你的视野，使得心情舒畅。

2. 换个新环境

面对嘈杂的办公环境，应该学会自我调整，逐渐摆脱影响情绪以及干扰你的各种不利因素，同时也要找到适合自己的解决方法。比如可以尝试换一个安静的环境，选择图书馆，或是咖啡厅等人比较少且安静的地方。如果条件允许，最好可以回家工作，或许会收到意想不到的效果。

3. 利用信念，学会习惯

经理、主管等人，他们是无法挑选自己的工作环境的，同时每天还要完成大量的工作，而且还要管理下属，奖惩他人，与老板沟通，应付难缠的顾客，评估员工的表现，等等。这些工作都会使他们的情绪产生波动。那么此时，就要学会利用自己坚定的信念来控制自己的情绪，并慢慢地习惯这些状况以及恶劣的工作环境。俗话说“习惯成自然”，当你习惯以后，这些情况就会成为你工作生活中的一部分，他们自然就不会对你产生压力。正如有些人虽然会打呼噜，但是他的爱人依然可以酣睡如常。

身边的琐事每时每刻都在发生，他们会不同程度地影响你的情绪，你可以换个环境或是利用信念来摆脱他们，从而达到怡然自若的状态，随之而来的是你的工作效率的提高。

多从正面探讨情绪的意义

情绪是人的多种精神活动的重要组成部分。在对世界的认知过程中，人的各种态度由此形成，同时也产生了相应的情绪。情绪会随着年龄、环境、事件、心态的变化而产生相应的变化。情绪作为一种个体对客观事物的主观体验，会反作用于人们的行为。在生产生活中，它起着至关重要的作用。概括起来，情绪主要有表达、动机、催化、适应、动力等作用。

人是一种群居动物，日常生活中，不可避免地要与各色人物打交道。人的动作、表情、语气语调等都是情感的外在表现，也是思想的信号，可以起到表达和交流信息、思想的作用。

在某些特殊情况下，无法运用语言来表达彼此的想法、愿望、需要、态度或观点时，就需要通过表情来传递信息。在与人交流的过程中，情绪起到了重要的作用，它可以将你内心的想法以最直接的方式表达出来。如果你想得到其他人的认可，就必须要先认可自己，同时表现出极大的自信。这样与你接触的人就会受到感染，开始认可你。所以，我们要学会通过情绪来表达自己的想法。

个体行为的内在动力是动机，他指引着人们有目的、有序地进行着某些行动。要提高效率，就要依靠情绪，它可以使人的活动状态处于最佳阶段。然而有时因为人际关系的不协调或是生活工作发生巨大变化，也会产生一些压力或是焦虑。但是我们不用畏惧它。其实，人的心理并没有想象得那样脆弱，所以我们不要谈虎色变，一提到“压力”就有一种抵触心理。有时，在思考问题或是解决问题时恰恰是需要一些压力和焦虑的，“压力就是动力”。当然凡事都要掌握一个度，适当的压力对我们是有益，然而压力过大就会起反作用了。

紧张与焦虑也是同样的。适当的焦虑可以使人勇于面对困难和挑战，同时也可以增强自信心。适当的紧张则会使人重视某些事情，做好万全的准备，最后取得成功。然而当紧张与焦虑达到临界点时，就会产生不良的后果。如果感到心跳加速、精力分散、动作失调，就说明压力是对某件事情过于重视而产生的。正如有些学生在面对中考、高考时，会因为过度的紧张和焦虑而不能考取理想的学校，甚至还会名落孙山。

在人与人的交往中，情绪还具有催化的作用。一个乐观、风趣的人要比悲伤、沮丧的人更具吸引力和感染力，因为每个人都希望与开朗的人交往，从而受到感染，获得更多的积极情绪。而与有消极情绪的人沟通时，你就会变得情绪不好，产生消极情绪。特别是在团队的协作中，这一作用会更加明显。在团队中，情绪可以起到润滑剂的作用，同时还具有传递信息、沟通思想、增进友谊、联络情感等作用。也可以营造一种和谐的氛围，在一定程度上化解队员之间的矛盾，使成员团结做事，心往一处想，劲儿往一处使。同时，队员们的情绪也会相互影响，催化事情的发展，或是走向成功，或是走向失败。

在物种演变的过程中，所有的情绪都只是一些具有适应价值的行为的反应模式。为了改善和完善自身生存的环境和条件，情绪也被人类保留。现代社会，人们生活工作的环境频繁更换，只有摆脱由新环境、新事物带来的焦躁情绪，才能更快地适应新的学习、生活和工作，否则不仅会降低办事效率，而且会对身心健康造成负面影响。此时，微笑是与人沟通时最好的工具。拥有微笑，无论面临的是多么难缠的人或是多么窘困的状况，问题都会很好地解决，因为微笑即代表了认可、鼓励以及极强的信心，可以使你更好地适应当时的情况，当时的人、事。

同时，情绪的动力作用也是不容忽视的，每一个人每一刻都在追求更加美好的生活。在追求的过程中，动力起着至关重要的作用，而情绪就是动力的源头。因此情绪的作用不容小觑，它的力量是无法估计的。由于情绪的不同，也会产生不同的作用。积极作用来源于积极情绪，消极作用自然是来源于负面情绪。研究还发现，积极的情绪还可以使人体的免疫力提高，增强抵抗能力，激活人体的生理功能，从而使人们达到最佳的状态，提高工作效率。

情绪无时无刻不在影响着我们的生活，对我们起着各种各样的作用。情绪不同，自然其产生的作用也会不同。如果我们希望情绪产生的作用都是积极的，那么就应该时刻保持一种积极的情绪。学会微笑，学会用积极乐观的情绪感染他人，也感染自己，拉近人与人之间的距离，只有如此，才能够使生活变得更加美好，使工作效率大幅提高，让自己感受到最大的幸福。

第五章　情绪转移，状态不好时换个事做

给自己换一个事情做

不良情绪犹如漂浮在心头的乌云，不仅遮住了太阳，还让人觉得压抑、苦闷。如何才能令乌云消散，阳光普照呢？如果我们停下手中所做的事情，转而去做另外一件事，那么我们就容易从负面情绪中解脱出来。

人们的生活体验由五个层面构成，分别是环境状况、行为、情绪、思维和生理反应。其中思维、情绪、行为和生理反应之间联系紧密，它们作为一个交互的系统共同发生作用。当受到外界环境状况变化的影响时，人的思维、情绪、行为和生理反应都会产生相应的反应。它们在独立反应的同时，每个部分的反应，又同时影响着其他的部分。也就是说，在思维、情绪、行为和生理反应这个系统中，只要一个发生改变，其他的也会随之改变。

这就是我们上面所说方法的一个理论依据。那么，我们该如何做呢？那就是去转做另一件事。你可能觉得很简单，不过就是转身去做另外一件事，但是去做什么事和怎么做都是有科学考证的。

我们都有这样的经验，相同的活动会产生大致相同的情绪，不同的活动会产生不同的情绪。例如，运动比赛或是演唱会让人热血沸腾，心情激动；观看自然风光、欣赏古典音乐会让人心情愉快、放松；阅读、写作会让人心情沉静，思维清晰。

很多人都有这样的经历，面对相同的问题，每个人的态度不同。有些人在产生不良的情绪时，会选择先停下手头正在从事

的活动，换一件其他的感兴趣的事情来做，就会很快缓解不良的情绪状态，走出不良情绪的困扰。而有些人则相反，固执地陷在不良情绪中不能自拔。二者的区别就在于是否能有效地利用情绪转移法来调节自己的情绪。

小霞和婷婷是高中同学，高考中由于发挥失常，二人双双落榜。她们均陷入情绪的低谷，不愿意出门、与人交流，特别是看见身边的同学陆续收到录取通知书时，变得更加沉默。

婷婷始终在这种阴影下不能自拔，非常自卑，复读时心理压力很大，效率一直不高，第二年高考又落榜。复读之前小霞在家人的鼓励下出门旅游，静谧的森林、湖泊使她深深迷醉，大漠孤烟、碧海蓝天驱散了她全部的忧郁，小霞的情绪很快恢复平静，她意识到高考失败只是人生的一个小挫折，她怀着开阔饱满的心态开始复读，第二年考进了自己理想的学校。

上例中的小霞在调节自己高考落榜的时候，用旅游来转移自己的注意力，这是一个很好的方法。像这一类的具体做法还有很多，可以根据当时不同的心理和条件，采取不同的措施。例如，练习琴棋书画就具有很好的改变心情、平复情绪的作用。

还有一点要注意，当发觉自己陷入情绪低潮时，要及时主动地进行情绪转移。人生短暂，不要放任自己在消极情绪中沉溺。经过理智地判断后，立刻行动起来，完全可以掌控情绪。

换做另一件事情调节自身情绪时，选择的新活动需要能迅速调动自身的积极情绪。从这个角度来说，运动是一个不错的选择。运动时身体会产生新的感受，有效地分散注意力，因而能很好地改善不良情绪。当自己陷入郁闷、痛苦时，可以把注意力转移出来，进行诸如打球、跑步、爬山等快速运动或者太极、瑜伽等慢速运动，这些都可以有效地缓解不良情绪。做些日常家务，如做饭、洗衣等，也可以达到这个效果。

换一个环境激发情绪

环境状况、思维、行为、生理反应、情绪是一个互相联系的整体，任何一方面的改变都会间接影响到其他方面。当外部环境状况发生变化，人处于情绪化状态时，大脑中会形成一个较强的兴奋点。此时如果回避相应的外部刺激，可以使这个兴奋点消失或是让给其他刺激，从而引起新的兴奋点。

所以，如果我们让自己的不良情绪从不愉快的环境中转移出来，那么兴奋中心一旦转移，也就摆脱了心理困境。

由于人的情绪总是具有情境性的，特定的情境与特定情绪反应之间有对应关系。当特定的情境出现，就会引发特定的情绪反应。利用这一点，就可以通过避开特定环境和相关人物，在环境中有意识地减少容易引发不良情绪的因素。同时，增加能够激起健康、积极情绪的因素，就能够很快缓解不良情绪刺激，从而理智地处理出现的问题。

我们变换环境的关键是离开产生不良情绪的环境。如果你换到了另外一个相似的环境，根本达不到效果。当发生亲人在地震中丧命或者失恋等事件时，悲伤、苦恼、懊悔都无济于事，只会令自己更加消沉。正确的做法是离开事发地点，切断不良刺激，平复受到创伤的心灵。可以在亲友的陪同下离开地震发生的地点，避开与过世亲人联系紧密的环境、物品等。失恋的人应该注意避开曾经与恋人相识相聚的场合，以免引发消极情绪。

离开原来的环境只是消极地避开不良情绪刺激，并不能从根本上解决问题。人的思维总是不受控制的，如果总是想着去忘记一件事，反而会在脑海中不断地回想这件事，寂寞的时候尤其是这样。要让情绪尽快好转，必须尽可能地去寻求一种全新的、具有感染力的、能够唤起完全不同的情感的环境。通过新的刺激，融入新的环境中，获得新的乐趣时，烦恼、失落等不良情绪自然会不见踪影。

那么，如何选择替代环境？一般说来，想让烦躁的心情平静下来，可以选择幽静的咖啡厅、书吧或者小树林；想让低落的心情高涨起来，可以去参加聚会，或是去热闹的电影院看场喜剧，听一场亢奋的音乐会，看一场激动的球类比赛等；想让压抑的情绪释放出来，可以去欣赏自然风光，去野外爬山，去步行街购物，或者是健身房锻炼，通过环境的转变来改善不良情绪。

在选择替代环境的时候，还需要注意选择环境的颜色。先来看以下几种颜色及其特性的简单对应关系：

不同的颜色会引发不同的心情。如果忽略了对色彩空间的选择，将难以达到理想的效果。同样是咖啡厅，冷色调的装修风格容易使人沉静，而暖色调的装修风格则可能使人亢奋。色彩与人们的生活密不可分，它一边美化生活，一边对人们的情绪产生直接或间接的影响。合理地选择适当的色彩空间，能更轻易地走出情绪困扰，收到“移情易性”的效果，这就是色彩的巨大功效。

颜色	象征	积极作用	消极作用
红色	热情、振奋	促使血液循环、使人精神振奋	久看易导致情绪急躁，易激动
绿色	生机、活力	艳丽、舒适，具有镇静神经的作用，自然界的绿色对疲劳、恶心以及消极情绪有一定的舒缓作用	久看易使人感到冷清，影响消化吸收，食欲减退

颜色	象征	积极作用	消极作用
粉色	温柔、甜美	使人的肾上腺激素分泌减少，镇静与缓解情绪。缓解孤独症、精神压抑者症状	无
黄色	健康	对健康者有稳定情绪、增进食欲的作用	对情绪压抑、悲观失望者会加重不良情绪
黑色	庄重与肃静	对激动、烦躁、失眠、惊恐等起恢复安定的作用	情绪压抑、悲观失望者会加重这种不良情绪
白色	纯洁与神圣	对易动怒的人可起调节作用	患孤独症、精神忧郁症的患者会加重病情
蓝色	宁静与想象	具有调节神经、镇静安神的作用	患有精神衰弱、忧郁症的人会加重病情

疲惫时，和工作暂时告别

如果用一个字来形容现在的生活，你会选择哪个？大部分人选择了“忙”和“累”。社会发展的脚步越来越快，竞争也越来越激烈，这让很多人情绪负荷超标。当我们遇到这种情况时，应该怎么办呢？小孩子会很干脆地回答“休息啊”，这时家长就会在一旁苦笑：“休息？谁来赚钱？没有钱吃什么、喝什么？”但是仔细想想，孩子的话并没有错，累了当然要休息。

在浩渺的大西洋中有一座小岛，小岛很小，位于大洋中心。这个小岛是很多候鸟迁移的中转站，是候鸟们疲倦了、累了休息时的落脚点。在这里，它们稍微休息，缓解旅途中的疲惫，积蓄力量重新出发。

鸟儿们寻找的是一个可以释放自己疲惫的“安全岛”。当你情绪负荷过重的时候，你找过自己的“安全岛”吗？观察一下，大家下班愈来愈晚，回家愈来愈晚，不停地加班加点，不但身体受不了，心理上也受不了。夜深了终于可以好好休息一下，但是天亮以后又要开始循环，周而复始。

大家都知道，现在电脑是我们最亲密的伙伴。有的人跟电脑在一起的时间比跟恋人在一起的时间都长。可曾想过电脑也很累，从早上开机开始工作，午饭时还要担任联络员，下午继续工作，晚上遇到加班还要奋战，就这样白天黑夜超负荷运转，没有休息的时间。但是它一旦死机，恐怕就得要更新换代了。机器尚且这样，更何况人的血肉之躯呢？

俗话说：“不会休息的人就不会工作。”每天不知疲倦地工作，效率并不一定有多高。长期下去疲惫的心灵和身体反而可能拖累了你，使身体素质下降，生活质量也会随之下降。累了就休息，要学会享受生活，具体可以从以下几方面入手：

1. 不要事事追求完美

维纳斯的雕像有一双断臂，这样的瑕疵也是一种美，而且正是这种残缺的美深深地打动了人们。生活中，因为刻意追求完美而让自己处于紧张的状态是完全没有必要的。试想如果每天都把自己绷得像一根橡皮筋一样，时间长了，它也就不再有弹性。

要接受人生的不完美。完美是一种理想的状态，是闪闪发光的金字塔最顶端，是每个人追求的目标。有了他，生活才有了奔头；事事都完美了，生活就没有意义了。因此大家应该允许不完美存在，那说明还有发展的空间，进步的潜力。

2. 要懂得舍得

舍得，舍得，不去舍弃一些东西，怎么会得到更多。有些人得失心太重，想要的东西太多，以至于完全没有意识到自己的身体亮了红灯，情绪已经病态。

眼光要长远一些，放下得失心。如果累了、倦了，那这一单生意就不做了，给自己放个假，出去玩玩。回来后，以更加饱满的精神和昂扬的斗志投入到工作中去，收获未必会小。

3. 学会忙里偷闲

当工作成为一种习惯，我们想要抽身离开，休息一会儿也并非易事。这个时候就要强迫自己出去散散心，看看错过的春华秋实；听听音乐，洗涤一下心灵；又或者享受一顿美食。暂时先把自己从繁忙的事物中解脱出来，感受一下另一种气息，也许你会有新的发现，也许蓦然回首时那个萦绕在你心头的问题已经得到了解答。

学会从繁忙的工作中抽身，也就大大地减少了情绪疾病产生的可能性。有的时候，休息和工作之间并不矛盾，懂得休息，才能以更加饱满的情绪面对工作，你的工作效率才会高。

适当想想生活不如你的人

生活中的快乐俯仰即是，但想要拥有，首先需要放平自己的情绪，然后擦亮眼睛寻找。记得一位伟人曾说："如果你下定决心寻找幸福，内心就会充满幸福的感觉。"当你嫌弃食堂做的饭菜难吃时，远在非洲的难民还在东躲西藏、食不果腹；当你埋怨房子不够宽敞明亮时，农民工还在工地狭窄拥挤的帐篷里酣睡。

我们获得的一些快乐的情绪，往往都是在这种比较中实现的。

赵燕在一家外贸公司工作，公司一直不太景气，开始裁员，赵燕名列其中。丢了工作，赵燕感到非常惭愧，她变得郁郁寡欢。老婆心理压力太大，老公看在眼里，急在心头，就建议她去自己公司做打字员。赵燕很排斥，说自己堂堂名牌大学毕业生，怎么能去做一个打字员。

某天，赵燕去买报纸，发现小区门口多了一个水果摊，摊子虽小，上面码着红的苹果、黄的橘子和香蕉，整整齐齐，让人一看就想买。赵燕深深地被吸引住了，发现老板娘整齐利落的着装，再瞧瞧自己现在邋遢的模样，不好意思地笑了。老板娘是个特别容易相处的人，有一搭没一搭地就跟赵燕聊了起来。

一来二往，赵燕了解到老板娘以前是一家工厂的主任，工厂倒闭了，她想到了卖水果。赵燕问老板娘："不觉得委屈吗？"谁知道老板娘开朗地笑道："委屈啥啊？很多人还不如我呢！"

赵燕的心一下子敞亮了，跟老板娘比起来，自己已经很幸运了，为何还闷闷不乐呢？她回家穿上自己好看的衣服，到老公的公司应聘去了。

赵燕重拾自信，源于她看到了卖水果的老板娘的不幸，觉得自己不是最坏的；没遇到卖水果的老板娘以前，她不高兴，她跟自己的过去做了不恰当的比较。生活中不可能事事如意，有点小麻烦、小挫折，看开一点，望远一点，就当作是平静生活中的一点小波澜。

比较是一种寻觅正面情绪的方式，但是拿自己的短处跟别人的长处比较是一种不恰当的方式。比较要有一个度，学会比较，学会正确比较，才是找到幸福的金钥匙。打蛇打七寸，比较也要注意几个问题：

1. 切莫以他人之长攻己之短

上帝在造人的时候非常公平，为你关闭一扇门的同时，也会打开一扇窗。通过窗户看世界，世界就变得色彩斑斓了。窗户和门都是一种优势，切不可盲目地把两者进行比较。

每个人有自己的风格和特色，羡慕别人有一双美丽的大眼睛的时候，不要忘记自己也有令人羡慕的苗条身材。看不到自己的长处，在EQ上是不及格的。

找一张纸，认真仔细地把自己的优势和劣势列一个清单，扬长避短会让你更有自信。

2. 观全局方显英雄本色

下棋的时候，一定要深思熟虑，“瞻前顾后”，从全局出发才能打败对手。正确的比较虽不像下棋那般直观，但也需要全面地看问题。

比如，每个人都羡慕影视明星们漂亮的服饰，华丽的生活，舞台上优雅的举止，领奖台上闪闪发光的奖杯。你可曾想过，这些光鲜的背后他们淌了多少汗，流了多少泪？

女星们为了保持苗条的身材，每天吃饭定时定量，她们也羡慕你吃饭时的大快朵颐。她们时时处处注意自己的形象，甚至没有自己的私生活，因为人们都在关注她们。稍有不慎就会遭到记者、群众的质疑、批评，你允许你的生活被别人这样肆意评论吗？了解了别人的成功路上的点点滴滴时，情绪就会平衡了。

3. 可以比较，但不可嘲笑他人

与自己水平低的人比较，的确可以帮助我们的负面情绪得到释放，但是如果比较过了头，我们不但会产生自满的情绪，还可能会说出伤害别人的话，或做出让他人难堪的事情。

所以，我们一定要把握好比较的这个度，千万不能过了火，只要达到让自己情绪稳定的效果就可以了。

需要注意的是，偶尔想想不如我们的人，只是调节情绪的一个方法，千万不能当成不思进取的借口。

唱歌也能疏解情绪压力

娱乐是非常好的情绪转移方式，卡拉OK就是其中的一种。

如今KTV店越开越多，很多人在周末消遣的时候，都会约上三五个朋友，到KTV店里高歌一曲。“K歌”已经成为许多国人排解负面情绪、消磨时间、交友娱乐的首选方式。

卡拉OK的风靡也与快节奏以及尽情享受的心态等紧密相关。在高节奏的生活环境下，身在职场的人们越来越感到工作和生活带来的情绪压力，很大一部分人为工作所累。但是工作是生活的一部分，工作也是为了更好的生活，于是“努力工作，尽情享受”的理念也得到很多企业的认同和倡导。

在KTV里，卡拉OK可以提供很多种的娱乐方式，让每个人都能从富有感染力的音乐中得到快乐。而且唱歌时经常采用腹式呼吸，这能促进神经兴奋，有助于缓解紧张。另外，中国古代“沉默是金”的文化氛围影响了亚洲各国，亚洲人由于礼节约束，很少宣泄负面情绪。而K歌以歌曲为由头，又有酒水相伴，很适合疏解胸中的郁结。可以说，KTV的高歌不仅仅是单纯的娱乐手段，更是众人的心理发泄手段，很多人喜欢到KTV里发泄自己的心理郁结。

除了KTV，当下人们的娱乐方式也是多种多样，如打高尔夫球、游泳、做瑜伽、旅游，等等。这些活动不仅能帮助你调节工作的压力，还能促使你拥有健康、平衡的生活，促进你的个人成长和能力发展，从而提高自己的生活品质和工作绩效。更重要的是，这样还能培养自己积极的人生态度和阳光心态，把工作当作快乐的生活过程。

人们常说，如果你没有时间休息，就一定有时间看医生。休息、娱乐也是保证身体健康运行的必要条件。完全可以把自己的业余活动当作本职工作一样认真对待，拿出足够的时间用在他们上面，如此便可轻松地保持一种放松、积极的状态。事业上过度的劳累和紧张，不仅不能让自己保持高效明智的状态，甚至会拖垮工作激情，使自己处于工作疲惫期。张弛有度的生活态度应该得到提倡和鼓励。可以每周拿出一定的时间，从繁忙的工作中解脱出来，放松地享受生活。特别是在事业遭到瓶颈的时候，娱乐活动是帮助自己疏解心中郁结、转移负面情绪的有效方法。

平衡的情绪才能造就幸福的生活。虽然在大多数人的生活中，职业或事业占有最大的比重，但是在生活有规律的基础上，留出时间与朋友和家人相聚，参加健身运动，精神领域的享受、安居家园、自我发展也同样重要。记录时间日记，能看清楚自己的时间如何失衡地分配，也能让自己明白生活究竟在哪里失去了平衡。如果对自己过去的生活状态不清楚，那将很难掌握或调整生活的天平。

不要等情绪敲上警钟，再去花钱找心理医生解决，不妨现在就放下恼人的工作，花一些时间在娱乐休闲上，而后带着放松之后的好心情重新投入工作。

第六章　情绪排毒，排除扼杀自己的情绪

为情绪找一个出口

情绪的宣泄是平衡心理，保持和增进心理健康的重要方法。不良情绪来临时，我们不应一味地控制与压抑，而应该用一种恰当的方式，给汹涌的情绪找一个适当的出口，让它从我们的身上流走。

在我们的生活中，可能会产生各种各样的情绪，情绪上的矛盾如果长期郁闷在心中，就会影响大脑的功能，或者引起其他身心疾病。因而，我们要及时排解情绪的矛盾。很多时候，只要把困扰我们的问题说出来，心情就会感到舒畅。我国古代，有许多人在遭到不幸时，常常有感赋诗，这实际上也是让情绪得到正常宣泄的一种方式。

有人经过研究认为，在愤怒的情绪状态下，伴有血压升高，这是正常的生理反应。如果怒气能适当地宣泄，紧张情绪就可以获得放松，升高的血压也会降下来；如果怒气受到压抑，长期得不到发泄，那么紧张情绪得不到平定，血压也降不下来，持续过久，就有可能导致高血压。由此可见，情绪需要及时地宣泄。

尽管自控是控制情绪的最佳方式，但在实际生活中，始终以积极、乐观的心态去面对不顺心的外部刺激，是非常难做到的。所以，人们在控制情绪时，常常综合运用忍耐和自控的方法，而且，为了顾忌全局，暂时忍耐的方法用得更多。然而，每个

人的忍耐力都是有极限的，当情绪上的烦躁、内心的痛苦累积到一定程度的时候，最终就会非理性地爆发出来。所以，在实际生活中，不能一味地操之在我，还要懂得适当地宣泄，为自己的负面情绪找一个适合的“出口”，将内心的痛苦有意识地释放出来，而不是让之不可控地爆发。

某天晚上，汉斯教授准备要睡觉了，突然听到电话铃响了。他接起了电话，是一个陌生妇女打来的。对方的第一句话就是：“我恨透他了！”“他是谁？”汉斯教授很是莫名其妙。“他是我的丈夫！”汉斯教授想，“哦，打错电话了”，就礼貌地告诉她：“对不起，您打错了。”可是，这个妇女就像没听见，竹筒倒豆子般说个不停：“我一天到晚照顾两个孩子，他总以为我在家里享福！有时我想出去散心，他也不许，他自己却天天晚上出去，说是应酬，谁知道他都干吗去了！”

尽管汉斯教授不止一次打断她的话，告诉她他不认识她，但她还是坚持把话说完了。最后，她喘了口气，对汉斯教授说：“对不起，我知道并不认识您，但这些话在我心里憋了太久了，再不说出来我就得崩溃了。谢谢您能听我说完这么多话。”原来汉斯教授被当作了一个听筒。但他转念一想，如果这样能挽救一个精神濒临崩溃的人，也算是做了一件好事。

这位陌生的妇女之所以选择了汉斯教授作为自己发泄情绪的出口，就是因为彼此不认识，这名妇女能很轻松地将自己的情绪倾倒出来，而不会引起连锁反应。

所以，我们要找到合适的发泄情绪的管道。当有怒气的时候，不要把怒气压在心里，要进行情绪的宣泄。对于情绪的宣泄，可以采用如下几种方法：

1. 直接对刺激源发怒

如果发怒有利于澄清问题，具有积极性、有益性和合理性，就要当怒则怒。这不但可以释放自己的情绪，而且是一个人坚持原则、提倡正义的集中体现。

2. 借助他物出气

把心中的悲痛、忧伤、郁闷、遗憾痛快淋漓地发泄出来，这不但能够充分地释放情绪，而且可以避免误解和冲突。

3. 学会倾诉

当遇到不愉快的事时，不要自己生闷气，把不良心境压抑在内心，而应当学会倾诉。

4. 高歌释放压力

音乐对治疗心理疾病具有特殊的作用，而音乐疗法主要是通过听不同的乐曲，把人们从不同的不良情绪中解脱出来。除了听以外，自己唱也能起到同样的作用。尤其高声歌唱，是排除紧张、激动情绪的有效手段。

5. 以静制动

当人的心情不好，产生不良情绪体验时，内心会十分激动、烦躁、坐立不安。此时，可以默默地侍花弄草，观赏鸟语花香，或挥毫书画，垂钓河边。这种看似与排除不良情绪无关的行为，恰是一种以静制动的独特的宣泄方式，它以一种清静雅致的态度平息心头怒气，从而排除沉重的压抑。

6. 哭泣

哭泣可以释放人心中的压力，一个人哭过之后，就会发现心情舒畅很多。

当然，宣泄也应采取适当的方式。一些诸如借助他人出气，将工作中的不顺心带回家中，让自己的不得意牵连朋友等做法都不可取，于己于人都不利。与其把满腔怒火闷在心中，伤了自己，不如找个合适的出口，让自己更快乐一些。

情感垃圾不要堆积在心中

在人们的长久相处中，一些情感垃圾会不断滋生。一些人选择了压制，他们试图阻止情感垃圾的蔓延，不愿承认烦恼的存在，结果导致负荷前行，最终情绪崩溃。还有一些人选择了坦然面对，将变化了的思想、情感释放出来，转移出去，慢慢地移除了情感中的病菌，做到了轻装上阵。

其实，情感垃圾的存在是一种生活常态，但不应该成为心灵的常态。若一个人被情感垃圾所束缚，他便只能在压抑中体会烦恼与纷扰，很难体验到游刃有余、自由洒脱的心境。所以，为了避免被情感垃圾所困扰，我们就应当适当地丢掉一些感情的垃圾，为自己的心灵松绑。

他是个爱家的男人，对她也百般呵护、万般宠爱，好得让她这个做妻子的自惭形秽。

他们第一次出现感情危机是因为一把钥匙。他本有四把钥匙，楼下大门、家里的两扇门以及办公室各一把。但是不知从何时起，他的口袋里多了一把钥匙。她发现后曾试探性地问过他，可是他支支吾吾，闪烁其词，这令她怀疑这把钥匙的用途。有意无意地她开始电话追踪，偶尔也会出现在他办公室，名义上是接他下班，实为突击检查。

他反常的行为举止，使她的心一次一次地动摇，有时甚至动不动就发脾气，可是他对她依然温柔体贴。直到有一天，她终于发现了钥匙的用途，原来是开银行保险箱的，于是她忍不住悄悄拿走钥匙去了银行。

把钥匙一寸一寸地伸进那小孔，她紧张又迫切地想知道答案。映入眼帘的是一个珠宝盒，盒盖上有他俩的合照以及热恋时的情书。珠宝盒下面是一些有价证券，还有一些不动产，不动产都写着一个名字。

她惊哭了，因为上面写的名字不是别人，正是她自己。这时她所有的疑虑顿时烟消云散，她坚信他是爱她的，而且无比忠诚。

故事中的妻子原本幸福快乐地生活着，却因为对丈夫的疑虑，使他们的情感出现垃圾，结果影响了正常的生活。但是当情感垃圾清除了之后，她的心境又回归平和，心灵也得到解脱。

对于亲情、爱情、友情，现实生活中的每一个人都有可能会产生情感垃圾。当一个人的心里积攒了太多情感垃圾之后，他的心就会背负太多，导致积重难返，很不利于个人的成长。只有将垃圾情绪赶走，他才能充满激情地专心做事。

那么如何清理心中的情感垃圾，为心灵松绑呢？

1. 直面问题、解决问题

每个人的生活中都有大大小小数也数不清的问题，比如考试不及格、工作不顺利、失恋的痛楚，等等。当这些问题发生时，如果处理不好，心里就容易产生情感垃圾，影响自己的心情。所以，当这些问题发生的时候，要直面产生问题的原因，想方设法解决问题，不要让情感垃圾累积。

2. 主动表达自己的善意

情感垃圾的产生往往是由于彼此间的不信任，这个时候谁对谁错都已经不重要了，重要的是要向对方表达自己的善意，打开对方的心扉，从而利于情感垃圾的清除，也利于自己心灵的解脱。

3. 多多积累美好的情感

人的情感空间是有限的。如果你留了过多的空白，那么情感垃圾很容易就堆积进来；如果你心中有很多美好的情感，那么情感垃圾也无从侵入。

当我们又一次和恋人吵架时，不妨多想想对方给自己的美好回忆，让负面情绪不再继续侵入。

佛家认为，世人心中之所以有诸多痛苦和烦恼，都是因为自己的心不净。如果不能去除淫心、贪心、怒心等情感垃圾，人就会陷入尘世的各种诱惑、迷惘中不能自拔，从而难以享受到生命中最本真的快乐。

然而人行走于世，心灵难免在红尘俗世中遭尘埃污浊，一旦心惹尘埃，人生之路也就会坎坷不平。此时，不妨扫一扫你的心底，扔掉那些已经成为垃圾的情感，还自己一颗纯净的初心，也就还你一个平坦宽广的人生大道。

学一学佛家的“暂遁空门”

“遁入空门”指的是避开尘世生活而进入佛门。佛家讲“舍至无可舍之处”，也就是说僧人在进入佛门的那一刻起，已放下尘世的一切，告别世俗所有的喧嚣，戒除了贪念、色欲，没有了荣辱得失，情绪也就无高无低，始终稳定平和了。

毋庸置疑，凡尘中的人们往往容易将得失荣辱看得过重。他们在面对来自红尘之中的种种诱惑时，往往会迷失了自己，跌入了情绪的深渊，把自己装入了一个个打造精致的，所谓“功名利禄”的金丝笼里。他们计较太多，放不下的太多，以至于当转变发生的时候，人们的情绪波动比较大。但是佛家思想侧重虚无，他们强调万事万物都不是真实存在的，所以得到也是无，失去也是无，既然都“无”，何必在乎。

这种虚无的观点对于当下的人们具有指导意义。面对社会上的纷扰事端，人们不妨“暂遁空门”，为心灵找一片安静之所，适当地让自己放松和休息，消除张力、忧虑、压力、迫力与拉力，使自己心灵清净。

当然，社会不能停止不前，如果每个人都遁入空门，什么都不放在眼里的话，这个社会也就失去了前进的力量。所以我们可以暂时地忘掉当前发生的事情，暂时地忘我，待调整好自己的情绪之后继续上路。

一个名为“书中仙客”的网友在自己的博客中曾这样写道:

“平常在都市里生活，我习惯了摩天的大厦，厌倦了令人窒息、熙熙攘攘的街道。紧张忙碌的工作常使我焦虑，机械地上下班，淹没了自己的生活情趣，结果使我睡眠质量差，白天恍恍惚惚，精神萎靡，感觉浑身不自在。

“下了车，我徜徉在乡村的田野上，大口大口吸着天然的‘真气’，享受着山水植被的自然‘氧吧’，沐浴着温暖阳光。我的精神一下子振奋起来，思绪仿佛在白絮的柔云上飘游。多么希望自己能长居在依山傍水的村庄，白天田间耕耘强身健体，夜晚点烛读书陶冶情操。远离名利，别离喧嚣的城市，每天过着日出日落陶渊明式的田园生活，岂不快哉！我想象，这种生活方式最闲雅、最诗意、最梦幻。我十分希望自己能在退休之后，隐居于山水，修成‘正果’，不枉此生。”

这位网友的做法，其实就是“暂遁空门”的一种巧妙的做法。古代的诗人给我们留下了那么多优美的田园诗篇，更为我们展示了一种田园的心态。其实，每一个人的内心都有一处恬静的中心，像轮轴的数学中心点一般，永远保持固定不动。我们所要做的，就是去发掘这个内心安静的中心点，并且定期地退到里面去休息、静养、重整活力。读田园诗，我们可以在诗歌里看到田园的美丽风光，也可以让自己的心静下来，拥有一个平衡的情绪。是谓：“暧暧远人村，依依墟里烟。狗吠深巷中，鸡鸣桑树颠。”“白日掩柴扉，对酒绝尘想。时复墟里人，披草共往来。相见无杂言，但道桑麻长。”

哲学家马卡斯·奥里欧斯说：“人们为自己寻找退避之所：乡间、海边、山上的房子，你们也一定非常希望得到这些房子。殊不知这是一种平凡人的做法，因为无论何时你想退避独处时，其力量是在你自己手里。一个人想退到更安静、更能免于困扰的地方，莫过于退入自己的灵魂里面，特别是沉潜在平静无比的思绪里。我敢肯定地说，除了宁静是心里的最好状态外，别无他物。那么，马上退避，重整你自己吧！”

找一个退避之所是“暂遁空门”的好办法。当然“暂遁空门”的方式很多，并非一定要进入寺院，边敲木鱼边念佛经。听一首美妙的歌曲，品一杯香茗，甚至阅读一本好书，都可以帮助我们忘掉时间的烦恼，找回心灵的宁静。

“暂遁空门”，更要学会放下，懂得放弃才能迎来快乐情绪，背着包袱走路总是很辛苦。一个人若是无法放下心中的得失成败，即使给他一个安静的场所，他也很难放下心中的郁结。漫漫人生路，放弃可以帮助人们忘掉愁绪，忘记恩怨，忘却苦痛，让人找到正确的方向，从而轻装前进，不断有所收获。

把负面情绪写在纸上

释放负面情绪的方式很多，“把负面情绪写在纸上”是非常流行的一种排解负面情绪的方法。这种方法简单且随意，在动笔将负面情绪写在纸上的过程中，自己的情绪已经得到宣泄和排解，内心会有一种欣慰和解脱之感。

其实，生活中的每个人都需要倾诉内心的喜怒哀乐，把负面情绪写出来是缓解压抑情绪的重要方法。它的做法非常简单：将那些自己无法解决的困难或烦恼逐条写在纸上，将压力从“无形”化作“有形”。这样，原本紧张的情绪便可以得到舒缓，思路会更加清晰，自己也会更冷静地解决问题。

瞿先生在一家公司供职十余年了，近些天因升职的事，憋了一肚子的火。和自己同时进公司的同事，乃至晚进公司的同事，都升过职，唯独自己升迁的机会渺茫。

面对此情此景，在很长的一段时间，瞿先生情绪都非常低落。他说：“我非常恼火，这种感觉还一直在扩张，以致我觉得非离开这种鬼地方不可。在写辞职信之前，我随手拿了一支红水笔，将我对公司领导的意见都写在纸上。写着写着，我心境突然开朗起来，好像负面情绪离开了一样。之后，我把这些纸张收起来，并和老朋友谈了这件事。”

朋友建议，瞿先生用另一种颜色的笔，把每位领导的才能和优点写出来，然后把自己想晋升的职位、需具备的素质甚至未来的规划都一一写在纸上。两种颜色的纸张一对比，瞿先生的愤怒马上消减。他又开始充满了激情，明白自己怎样做才能实现目标。

从此，瞿先生找到了一种发泄情绪的好办法。他总随身带着纸张，每当自己想法的时候，就习惯性地将想法写在纸上。这是一种很好又安全的控制情绪的方法。当他写完，便觉一身清爽，时间长了，他控制和调节情绪的能力也越来越强。他这样说道。

当情绪需要发泄时，不妨像瞿先生那样，养成将情绪写在纸上的习惯。作家罗兰在《罗兰小语》中写道："情绪的波动对有些人可以发挥积极的作用。那是由于他们会在适当的时候发泄，也会在适当的时候控制，不使它泛滥而淹没了别人，也不任它们淤塞而使自己崩溃。"情绪宣泄的方法有很多种，如倾诉、哭泣、高喊等。适度的宣泄可以把不快的情绪释放出来，使波动情绪趋于平静。当你心中有烦恼和忧虑时，可以向老师、同学、父母、兄妹诉说，也可以用写日记的方式进行倾诉。

生活中的烦恼和不顺心的事，我们不可避免地会遇到，关键在于，遇到这些事后我们选择如何对待。将情绪埋在心里，长久压抑不是一种可行的方法，要学会笔头倾诉。这种方法可以在不影响他人的情况下，自由地在笔端进行自我倾诉。动笔将你在情绪上遇到的问题写下来，情绪在不知不觉中即可得到排解，思路也在不知不觉中清晰起来。